U0216393

南安树木图鉴

叶理山 ◎ 编著

厦门大学出版社
XIAMEN UNIVERSITY PRESS
国家一级出版社
全国百佳图书出版单位

图书在版编目（CIP）数据

南安树木图鉴 / 叶理山编著. -- 厦门：厦门大学
出版社，2024.1
　　ISBN 978-7-5615-9306-6

　　Ⅰ．①南… Ⅱ．①叶… Ⅲ．①树木-南安-图集
Ⅳ．①S717.257.4-64

中国国家版本馆CIP数据核字(2024)第017126号

责任编辑　陈进才
美术编辑　李夏凌
技术编辑　许克华

出版发行　厦门大学出版社
社　　址　厦门市软件园二期望海路39号
邮政编码　361008
总　　机　0592-2181111　0592-2181406(传真)
营销中心　0592-2184458　0592-2181365
网　　址　http://www.xmupress.com
邮　　箱　xmup@xmupress.com
印　　刷　厦门集大印刷有限公司

开本　787 mm×1 092 mm　1/16
印张　20.75
字数　658 千字
版次　2024 年 1 月第 1 版
印次　2024 年 1 月第 1 次印刷
定价　218.00 元

本书如有印装质量问题请直接寄承印厂调换

厦门大学出版社
微信二维码

厦门大学出版社
微博二维码

作者简介

　　叶理山，男，1972年6月生，中共党员，二级主任科员，曾任南安市翔云镇、洪濑镇、城管局、林业局副职。指导南安市开展国土绿化行动，绿化面积超过30万亩；主持负责南安市区北山生态公园林分提升工程、柳南公园的建设，南官公路、柳湖公园鸟岛的绿化设计；指导南安市域内纵三线、滨江南路、"两高一线"、石井镇片区路网（8条路约13.4公里）前期绿化设计。

前　言

南安市位于福建省东南沿海，与台湾隔海相望，地理坐标为北纬 24°34′30″—25°19′25″，东经 118°08′30″—118°36′20″。1993 年撤县建市，现有行政区划面积 2036 平方公里，海岸线长 32.8 公里，辖 23 个乡镇（省新镇、东田镇、仑苍镇、英都镇、翔云镇、眉山乡、金淘镇、蓬华镇、诗山镇、码头镇、九都镇、向阳乡、罗东镇、乐峰镇、梅山镇、洪濑镇、洪梅镇、康美镇、丰州镇、霞美镇、官桥镇、水头镇、石井镇）、3 个街道（溪美街道、柳城街道、美林街道），常住人口 170 多万，海内外乡亲 400 多万，是民族英雄郑成功的故乡，是全国著名侨乡和台胞的主要祖籍地之一。南安森林资源丰富，林地面积 159.9 万亩，林木蓄积量 513.5 万立方米，森林覆盖率 52.7%，是国家级生态城市、省级园林城市和森林城市。

习近平总书记指出，"森林是水库、钱库、粮库，现在应该再加上一个'碳库'"。森林和草原对国家生态安全具有基础性、战略性作用，林草兴则生态兴。森林是水库，具有涵养水源、净化水质的功能，被称为"绿色水库"。森林是钱库，为人类持续提供木材、能源物质、动植物林副产品、化工医药资源；同时，又具有空气调节、土壤保持、生物多样性维护等作用。森林是粮库，植物的根、茎、叶、花、果实、种子，为人类的生存，提供了重要的食物来源。森林是碳库，具有强大的固碳增汇功能，在应对气候变化中发挥着重要作用，为实现碳达峰、碳中和的目标，扮演着十分重要的角色。

在习近平生态文明思想的指导下，南安坚持生态优先，走绿色发展之路，统筹推进山水林田湖一体化保护和系统治理，科学开展国土绿化行动，提升森林资源总量和质量，巩固和增强生态系统碳汇能力，生物多样性保护与时俱进，野生动植物保护整体向好。

南安市海拔最低的山是石井镇古山村的后山（35.9 米），海拔最高的山是翔云镇沙溪村的云顶山（1176 米）。从沿海到山区，跨越 1000 多米的垂直气候，蕴藏着丰富的种子资源，独特的种子，携带着亿万年的生命密码，它们生根、发芽、开花、结果，并跨越形态，潜移默化地融入人类的衣食住行，甚至工业和医药。

编者从事林业工作二十多年，对生长在南安市域内的树木十分感兴趣，不畏辛劳、不畏艰险，多次深入林区开展调查，上至最高山峰云顶山，下至沿海岛屿，拍摄了大量的树木图片，把这些图片收集整理分类，编写了《南安树木图鉴》，为南安广大林业和园林工作者以及植物爱好者提供学习和参考的依据。

本图鉴按 APG 分类法（主要依照植物的三个基因组 DNA 的顺序，以亲缘分支的方法分类）进行编排，共收录了野生或栽培的树木 99 科 588 种（包含变种和变型），其中，蕨类植物 2 科 2 种，裸子植物 8 科 24 种，双子叶植物 82 科 524 种，单子叶植物 7 科 38 种。

本图鉴收录的彩色图片，全部为编者拍摄，主要以叶、花、果实、细部特征的形式呈现给读者，能够更全面更清晰地体现树木的全貌，方便识别和分类。读者如果想知道更丰富的树木信息，可浏览植物智网站（http://www.iplant.cn）或中国植物图像库（http://ppbc.iplant.cn），查看更多的彩色图片。

根据国际植物命名法，一些树种改用了新组合的学名，考虑到以往旧学名的使用影响较大，将过去的旧学名加括号置于新组合学名之后，以作对照。

本图鉴对各种树木的特征描述，只归纳表述重点或与其他树种在分类上的重要特征说明。比如：树种的常态习性，只描述常绿、落叶、乔木、灌木等；叶的特征，只描述单叶或复叶、叶序、叶质、叶形、毛被附属物等；花的特征，只描述花性、花序、花色、雄蕊、雌蕊等。读者如果想知道更全面更细微的树木特征描述，可查阅电子版或纸质版的《中国植物志》（1 ~ 80 卷，http://www.iplant.cn/frps）或《福建植物志》（1 ~ 6 卷）。

除了特征描述外，本图鉴还对各种树木的花果期、分布、生境、用途（园林、医药、木材）等作了说明。关于花果期，一般指盛花期和果实成熟期，由于生境、土壤条件、环境气候等因素的差异，花果期提前或推迟均属正常现象。关于分布和生境，由于篇幅有限和调查的局限性，根据相关资料记载和编者的实地调查，仅作大致的归纳。关于园林用途，根据相关资料记载和编者多年的实践经验总结，结合南安的海拔高度、土壤条件、气候特点等因素，从园林绿化树木的习性、适应性、景观绿化效果等方面作了简要论述，供读者参考。

本图鉴在编写的过程中，得到南安林业系统同事、城管局园林处同事、植物爱好者的大力支持和帮助，得到南平林业职业技术学院何国生教授的指点和鉴定，在此表示衷心的感谢。

本图鉴仅收录南安市域部分树木，有些树木种类有待于今后进一步收集完善。由于编者水平和经验有限，难免有错漏之处，敬请同行、读者批评指正。

编　者

2023 年 10 月

目　录

蕨类植物门
Pteridophyta

石松科 Lycopodiaceae

藤石松

【科属名】石松科石松属

【学　名】*Lycopodiastrum casuarinoides* (Spring)

【别　名】石子藤（《第尔氏华中植物》）

　　　　　石子藤石松（《中国高等植物图鉴》）

　　木质攀援藤本。茎伸长，基部通常棕红色，小枝多回二叉分枝。主茎上的叶钻状披针形，顶端具膜质尖尾；末回分枝上的五叶排成三列，其中二列较大，三角形，另一列较小，刺状。孢子囊穗双生于末回分枝顶端，圆柱形。

　　南安市翔云镇、向阳乡等少数乡镇可见，生于林缘或疏林地灌丛中。茎可编制藤椅、藤帽、提篮等用具。全株入药，有舒筋活血的功效。

桫椤科 Cyatheaceae

桫椤（suō luó）

【科属名】桫椤科桫椤属

【学　名】*Alsophila spinulosa*（Wall. ex Hook.）

　　　　　R. M. Tryon

【别　名】刺桫椤（《福建植物志》）

　　高大树蕨，主干直立。叶螺旋状排列于茎顶端，顶部、拳卷叶、叶柄的基部密被棕褐色鳞片；叶柄粗壮，向上有小刺和刺状疣突。叶为三回羽状深裂，羽片多数，互生，有柄；小羽片多数，互生，几乎无柄，线状披针形，羽裂几达小羽轴；裂片长圆形，边缘具细齿，叶脉羽状，侧脉分叉。孢子囊群圆球形，着生于侧脉分叉处，囊群盖成熟后裂开消失。

　　国家一级重点保护野生植物，有蕨类植物之王的赞誉。南安市翔云镇、眉山乡等少数乡镇可见，多生于林缘或小溪边。

南安树木图鉴

裸子植物门
Gymnospermae

苏铁科 Cycadaceae

苏铁

【科属名】苏铁科苏铁属

【学　名】*Cycas revoluta* Thunb.

【别　名】凤尾蕉(《植物名实图考》)
　　　　　铁树(闽南方言)

　　常绿灌木。树干圆柱形。羽状叶从茎的顶部生出,叶轴两侧有齿状刺;羽状裂片多达百对以上,条形,厚革质,坚硬,边缘显著地向下反卷,顶端有刺状尖头。雌雄异株;雄球花长圆柱形,长可达 70 厘米;雌球花扁圆形,大孢子叶密生绒毛,上部边缘羽状分裂,下部两侧着生胚珠。种子扁圆形,成熟时红褐色。花期 6—7 月,种子 10—12 月成熟。

　　南安市各乡镇可见栽培,多见于房前屋后、公园、公路绿化带、住房小区等。

　　因木材密度大,入水即沉,重如铁,故又得名"铁树"。

银杏科 Ginkgoaceae

银杏

【科属名】银杏科银杏属

【学　名】*Ginkgo biloba* Linn.

【别　名】白果(《植物名实图考》)
　　　　　公孙树(《汝南圃史》)

　　落叶大乔木,高可达 30 米。枝有长枝和短枝。叶扇形,在长枝上为螺旋状散生,在短枝上呈簇生状,上缘二裂或波状缺刻,具多数二叉状并列细脉;叶柄长可达 10 厘米。球花单性,雌雄异株;雄球花呈荑黄花序状,下垂,具短梗,雄蕊多数;雌球花具长梗。种子核果状,近圆形,成熟时淡黄色或橙黄色。花期 3 月,种子 9—10 月成熟。

　　中生代孑遗的稀有树种,系我国特产,已列入福建省第一批主要栽培珍贵树种名录。南安市部分乡镇可见栽培,多生于乡村公园或房前屋后。树形优美,树姿雄伟,春夏叶色翠绿,秋季叶色金黄,常作庭园观赏树。种子有微毒,煮熟后可少量食用(多食易中毒)。木材材质优良,可作为建筑、家具、室内装饰、雕刻、绘图版等用材。

南洋杉科 Araucariaceae

异叶南洋杉

【科属名】南洋杉科南洋杉属

【学　名】*Araucaria heterophylla*
（ Salisb.）Franco

【别　名】诺和克南洋杉（《经济植物手册》）

　　常绿乔木，高30米或更高。树冠塔形；小枝规则地排成同一平面。叶二型：幼树的叶排列较疏松，生长角小于45°，针状钻形，具3～4棱；成龄树的叶排列较紧密，呈覆瓦状、鳞片状。雄球花单生于枝顶，圆柱形。球果近球形，苞鳞顶端具三角状尖头，尖头向上弯曲。

　　原产于澳大利亚诺和克岛。南安市部分乡镇可见栽培，多见于庭院或公园。树形挺拔，姿态优美，层层叠翠，是园林绿化的优良树种，与雪松、日本金松、金钱松、巨杉等合称"世界五大公园树"。园艺上亦作盆栽，摆放于客厅、阳台、展览馆等场所，独树一帜，十分高雅。不耐寒，山区乡镇高海拔村庄不宜种植。木材材质优良，可作家具、建筑等用材。

贝壳杉

【科属名】南洋杉科贝壳杉属

【学　名】*Agathis dammara*（ Lamb.）Rich.

　　常绿大乔木，高可达35米。叶二列状，对生或近对生，革质，卵状长圆形或披针形，边缘增厚，细脉并列不明显，无中脉。球花单性，雌雄同株；雄球花单生于叶腋，圆柱形。球果着生于短枝顶端，卵圆形或宽卵形。

　　原产于马来半岛和菲律宾。南安市南安一中新校区等地可见栽培。四季常青，树干通直，可作公园、庭院观赏树。树干含有丰富的树脂，为著名的达麦拉树脂，广泛应用于工业和医药。木材可作建筑等用材。

松科 Pinaceae

油杉

【科属名】松科油杉属

【学　名】*Keteleeria fortunei*（Murr.）Carr.

【别　名】杜松

常绿大乔木，高可达 40 米。树皮片状裂；一年生枝有毛或无毛。叶条形，先端圆或钝，边缘不反曲或略向下反曲。球果圆柱形，直立生于枝顶，种鳞宽圆形或上部宽圆下部宽楔形，边缘向内反曲。花期 3—4 月，种子当年 10—11 月成熟。

我国特有树种，已列入福建省第二批主要栽培珍贵树种名录。南安市洪梅镇、丰州镇等部分乡镇可见，多生于山地林中或房前屋后。洪梅镇灵应寺玳瑁山下有一株树龄 1008 年（至 2023 年）的油杉古树，胸径 1.5 米，树高 40 米，树干通直，枝繁叶茂，苍劲古朴，生长健壮，为南安市树龄最长的古树。木材坚实耐用，可供建筑、家具等用材。

雪松

【科属名】松科雪松属

【学　名】*Cedrus deodara*（Roxburgh）G. Don

常绿乔木。树冠塔形；树皮裂成不规则的鳞状块片；枝条平展微下垂。叶针形，在长枝上辐射伸展，短枝上呈簇生状，坚硬，先端锐尖。球花单性，雌雄同株；雄球花长卵圆形，近黄色；雌球花卵圆形，幼时紫红色，后变为淡绿色。球果很难成熟，生长不佳。

原产于喜马拉雅山地区，为世界著名的观赏树种，与南洋杉、日本金松、金钱松、巨杉合称"世界五大公园树"。南安市蓬华镇（镇政府大楼前）、五台山林场可见栽培。材质坚实，可作建筑、家具、器具等用材。

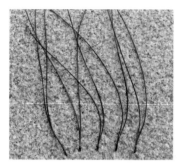

马尾松

【科属名】松科松属

【学　名】*Pinus massoniana* Lamb.

【别　名】松柏（闽南方言）

常绿大乔木，高可达45米。树皮裂成不规则的鳞状块片。叶针形，2针一束，柔软（不扎手）；树脂道4~8个，边生；叶鞘宿存。球花单性，雌雄同株；雄球花淡红褐色，圆柱形，弯垂；雌球花单生或2~4个聚生于新枝近顶端，淡紫红色。球果卵圆形或圆锥状卵圆形，横脊微明显，鳞脐微凹，无刺。花期3—4月，球果翌年9—11月成熟。

南安市各乡镇极常见，为重要的乡土树种。当下，由于本种易受松材线虫病的侵害，植株大量死亡，因此，暂时不宜选择作为荒山造林树种。木材用途广泛，可作建筑、家具、枕木、胶合板、造纸等用材。树干可割取松脂，提取松香和松节油。

湿地松

【科属名】松科松属

【学　名】*Pinus elliottii* Engelm.

【别　名】国外松、美国松（闽南方言）

常绿大乔木。树皮鳞片状剥落。叶针形，2针和3针一束并存，刚硬（扎手），深绿色；树脂道常2~9个，多内生；叶鞘长可达1.2厘米。球果卵状圆锥形，种鳞的鳞盾近斜方形，肥厚，有锐横脊，鳞脐瘤状具锐尖刺。种子卵圆形，易脱落。

南安市大部分乡镇常见，多生于山地林中。

原产于美国，20世纪初引种到我国。具有耐瘠薄、适应能力强、早期生长快、树干通直、松脂丰富易采、冠型优美等优良特性，对松材线虫病带有天然抗性，是荒山绿化、生态防护的重要树种。（引自2020年3月23日《中国绿色时报》）

黑松

【科属名】松科松属
【学　名】*Pinus thunbergii* Parl.
【别　名】日本黑松(《中国树木分类学》)、白芽松

常绿乔木。树皮粗厚，裂成块片脱落；冬芽银白色，芽鳞边缘白色丝状。叶针形，2针一束，粗硬；树脂道6~11个，中生。雄球花圆柱形，聚生于新枝下部；雌球花卵圆形，单生或2~3个聚生于新枝近顶端。球果圆锥状卵圆形，横脊显著，鳞脐微凹，有短刺。花期3—4月，种子成熟期翌年10月。

原产于日本及朝鲜南部海岸地区。南安市部分乡镇可见栽培。姿态古雅，苍劲有力，蟠曲造型，常制作盆景；亦可种植于庭院、公园、学校、寺庙、住房小区等绿地，观赏价值高。木材结构细，纹理直，可作建筑、器具、板料及薪炭等用材。

火炬松

【科属名】松科松属
【学　名】*Pinus taeda* L.

常绿大乔木。树皮灰褐色或淡褐色，鳞片状开裂。叶针形，3针一束(偶有2针或4针)，硬直。树脂道2条，中生；叶鞘宿存。球果卵状圆锥形或窄圆锥形，无梗或几乎无梗，成熟时暗红褐色；种鳞的鳞盾横脊显著隆起，鳞脐隆起延长成尖刺。花期3月，球果翌年9月成熟。

原产于北美东南部。南安市仅翔云镇可见栽培，或已逸为野生，见于山地林中。树干含有丰富树脂，可提取松香或松节油。木材较软，可作建筑、桥梁、坑木、枕木等用材。

柏科 Cupressaceae

杉木

【科属名】柏科杉木属

【学　名】*Cunninghamia lanceolata*（Lamb.）Hook.

【别　名】杉（《经济植物手册》）

　　常绿乔木，高可达30米。树皮灰褐色，长条状纵裂。叶在主枝上辐射伸展，在侧枝上扭转成二列状，条状披针形，常稍弯，扁平，革质，边缘具细齿，背面中脉两侧各有1条白色气孔带。球花单性，雌雄同株；雄球花圆锥状，常几十个簇生枝顶；雌球花单生或2~4个集生，绿色。球果卵圆形，苞鳞顶端有刺尖，边缘有不规则锯齿；种鳞小，具3个种子。花期3—4月，球果10—11月成熟。

　　南安市各乡镇常见，多生于山地林中或山区乡镇的村庄闲杂地。喜温暖湿润气候，对土壤的要求较高，在土层深厚、排水良好、富含有机质的山地生长迅速。木材材质软硬适宜，有香气，可作房屋、桥梁、矿柱、木桩、家具等用材。

柳杉

【科属名】柏科柳杉属

【学　名】*Cryptomeria japonica* var. *Sinensis* Miquel

【别　名】长叶孔雀松（《中国裸子植物志》）

　　常绿大乔木，高可达40米。小枝细长，常下垂。叶钻形略向内弯曲，螺旋状着生，果枝的叶较短，是幼树及萌芽枝的叶长的一半。球花单性，雌雄同株；雄球花单生于叶腋，集生于小枝上部，成短穗状花序，长椭圆形；雌球花顶生于短枝上。球果圆球形，无柄；种鳞约20片，能育的种鳞有2粒种子。花期3—4月，球果9—10月成熟。

　　我国特有树种，已列入福建省第一批主要栽培珍贵树种名录。南安市眉山乡、翔云镇、向阳乡等少数乡镇可见栽培，生于村庄闲杂地或林缘。树形高大笔直，姿态苍劲，可种植于公园或村庄绿地供观赏。木材略逊于杉木，可作房屋、器具、家具和造纸原料等用材。

池杉

【科属名】柏科落羽杉属

【学　名】*Taxodium ascendens* Brongn.

【别　名】池柏(《中国树木分类学》)、
沼落羽松(《经济植物手册》)

　　落叶乔木，高可达20米。树皮褐色，纵裂，呈长条片脱落；树干基部膨大，常有屈膝状的呼吸根。叶钻形，在枝上螺旋状伸展，不排成二列状。球花单性，雌雄同株；雄球花卵圆形，集生于小枝顶端，总状花序状或圆锥花序状；雌球花近球形，单生枝顶。球果圆球形，成熟时褐黄色；种鳞盾形；种子不规则三角形。花期3—4月，球果10—11月成熟。

　　原产于北美东南部。南安市少数乡镇可见栽培，见于蓝溪湿地公园等地。耐水湿，可种植于沼泽地或水湿地，是平原水网地带的主要造林树种。木材耐腐力强，可作建筑、家具、造船等用材。

水杉

【科属名】柏科水杉属

【学　名】*Metasequoia glyptostroboides* Hu & W. C. Cheng

　　落叶乔木，高可达30米。树干基部常膨大；侧生小枝对生或近对生，排成二列。叶条形，交叉对生，列成二列，冬季与侧生小枝一同脱落。球花单性，雌雄同株；雄球花排成总状花序或圆锥花序，雄蕊多数；雌球花单生于枝顶。球果矩圆状球形，具长梗，成熟时深褐色；种鳞对生，盾形，能育种鳞有5~9粒种子。花期2—3月，球果10—11月成熟。

　　国家一级保护野生植物，古老珍稀的孑遗树种，系我国特产。南安市市区湿地公园、丰州镇清净桃源等少数地方可见栽培，见于公园内。树干通直，树姿优美，秋叶红艳，为著名的庭园观赏树，种植于堤岸、池畔、水库周边等，可形成独特的风景林。十分耐寒，山区乡镇高海拔村庄适宜引种。木材可作建筑、板料、家具、造纸等用材。

侧柏

【科属名】柏科侧柏属

【学　名】*Platycladus orientalis*（L.）Franco

【别　名】扁柏

　　常绿乔木，高可达 20 米。生鳞叶的小枝扁平，直展或斜展，排成一平面。鳞叶，交叉对生，侧叶近船形，中叶菱形，无白粉。球花单性，雌雄同株；雄球花淡黄色，卵圆形；雌球花蓝绿色，近球形。球果卵圆形，种鳞木质，背部顶端有一向外弯曲的尖头。种子长卵形，无翅。花期 3—4 月，球果 10—11 月成熟。

　　南安市各乡镇均有栽培。喜光，耐半阴，耐水湿也耐旱，根系发达，寿命极长，园林上广泛应用，常种植于庭院、公园、寺庙、陵园等地。陕西省黄陵县黄帝陵有一株巨大的侧柏，也称之为"手植柏""轩辕柏"，相传为轩辕黄帝亲手种植，至今已有 5000 多年，依然苍翠挺拔、枝繁叶茂，被誉为"世界柏树之父"。

　　常见的园艺栽培品种有：①千头柏（cv.'Sieboldii'），丛生灌木，无明显主干，树冠呈球形。②洒金千头柏（cv.'Aurea Nana'），矮生密丛，圆形，鳞叶金黄色。

福建柏

【科属名】柏科福建柏属

【学　名】*Fokienia hodginsii*（Dunn）Rushforth

【别　名】建柏（《中国树木分类学》）

　　常绿乔木。有鳞叶的小枝扁平，排成一平面。鳞叶交互对生，呈节状，侧叶对折呈长圆形，中叶菱状卵形或三角形，背面具白色气孔带。球花单性，雌雄同株，单生于枝顶。球果近球形，成熟时红褐色；种鳞盾形，顶部凹下，中央有小尖头。花期 3—4 月，种子翌年 10—11 月成熟。

　　国家二级保护野生植物，已列入福建省第一批主要栽培珍贵树种名录。南安市山区乡镇可见栽培，多生于疏林地中、林缘或路旁。树干通直，生长较快，适应性强，常用作山上的造林树种。幼树较耐阴，可在林冠下造林，提升林分质量。木材材质坚实，可作建筑、家具、雕刻等用材。

圆柏

【科属名】柏科刺柏属
【学　名】*Juniperus chinensis* L.
【别　名】桧柏

常绿乔木，高可达 15 米。树皮深灰色，呈条片状浅纵裂；幼树树冠尖塔形，老龄树树冠广圆形。小枝通常直或稍成弧状弯曲。叶有刺叶和鳞叶二型，幼树全为刺叶，壮龄树兼有刺叶与鳞叶，老龄树则全为鳞叶。球花单性，雌雄异株，稀同株。球果近球形，成熟时暗褐色；种子无翅。花期 3 月，球果翌年 10 月成熟。

南安市眉山乡（观山村村部）等少数乡镇可见栽培。生长适应性强，耐阴、耐寒、耐热，寿命极长，种植于庭园供观赏，与宫殿式建筑搭配，可谓相得益彰。木材坚硬致密，纹理美观，木质芳香，可作建筑、家具、铅笔及图板等用材。

龙柏

【科属名】柏科圆柏属
【学　名】*Sabina chinensis*
'Kaizuca'

栽培变种，与圆柏的主要区别是：树皮具瘤状、苍老状突起；小枝密集，大枝有扭转向上之势；叶多为鳞叶，少为刺叶；球果淡蓝色，被白粉。枝叶青翠，树形优美，常作庭园观赏树。

枝条螺旋盘曲向上生长，好像盘龙姿态，故得名"龙柏"。

塔柏

【科属名】柏科圆柏属

【学　名】*Sabina chinensis* 'Pyramidalis'

　　栽培变种，与圆柏的主要区别是：树冠尖塔形；枝密集，近直展。四季常绿，树形独特，可作行道树和庭园树；亦常种植于墓地，彰显庄严肃穆。

罗汉松科 Podocarpaceae

竹柏

【科属名】罗汉松科罗汉松属

【学　名】*Nageia nagi* (Thunberg) Kuntze

【别　名】大果竹柏(《经济植物手册》)

　　常绿乔木。叶对生，革质，长卵形至披针状椭圆形，具多数并列细脉，无中脉。球花单性，雌雄异株；雄球花单生于叶腋，穗状花序多分枝，总梗粗短；雌球花常单生于叶腋，基部有数枚苞片。种子圆球形，成熟时假种皮暗紫色，被白粉。花期3—4月，种子成熟期10—11月。

　　南安市部分乡镇可见栽培，多种植于公园或庭院。枝叶青翠，树冠茂密，树形优美，可种植于公园、住房小区、学校、农村"四旁"等绿地，为优良的观赏树种。种子榨油可供食用或为工业用油。木材结构细，硬度适中，可作雕刻、建筑、家具、器具等用材。

罗汉松

【科属名】罗汉松科罗汉松属

【学　名】*Podocarpus macrophyllus*（Thunb.）D. Don

【别　名】罗汉杉、土杉

常绿乔木。叶螺旋状着生，线状披针形。球花单性，雌雄异株；雄球花常 3～5 穗簇生于叶腋，无梗；雌球花单生于叶腋，有梗。种子卵圆形，着生于肥厚肉质的种托上，种托红色或紫红色。花期 4—5 月，种子成熟期 8—11 月。

南安市各乡镇常见栽培，已列入福建省第一批主要栽培珍贵树种名录。树形美观，叶色翠绿，可种植于村庄、公园、寺庙、学校等绿地，或对植于厅堂之前供观赏；耐潮风，在水头镇、石井镇等沿海村庄也能生长良好。材质致密，耐水湿，可作水桶、家具、海河土木工程等用材。

因种托似披着红色袈裟正在打坐参禅的罗汉而得名。

红豆杉科 Taxaceae

南方红豆杉

【科属名】红豆杉科红豆杉属

【学　名】*Taxus wallichiana* var. *mairei*

【别　名】美丽红豆杉（《经济植物手册》）

常绿大乔木，高可达 30 米。叶呈弯镰形，排成二列，先端渐尖，背面局部具角质乳头状突起点。球花单性，雌雄异株；雄球花淡黄色，雄蕊 6～14 对；雌球花基部具数对交互对生的苞片。种子坚果状，多呈倒卵圆形，生于杯状红色肉质的假种皮中。花期 2—3 月，种子 11 月成熟。

国家一级重点保护野生植物，被称为植物王国的"活化石"，已列入福建省第一批主要栽培珍贵树种名录。南安市英都镇仁林村分布着百年以上的南方红豆杉古树群，其他乡镇可见零星栽培，多见于房前屋后、农村闲杂地。枝繁叶茂，红果密密匝匝挂满枝头，像一个个"小铃铛"，惹人怜爱，十分诱人，可作庭园观赏树。根、茎、叶可提取紫杉醇，是良好的天然抗癌药物。材质坚硬，心材赤红，结构细密，十分美观，是一等的建筑、家具、器具、雕刻等用材。

长叶榧（cháng yè fěi）

【科属名】红豆杉科榧属

【学　名】*Torreya jackii* Chun

【别　名】长叶榧树（《中国树木分类学》）

　　　　　浙榧（《中国裸子植物志》）

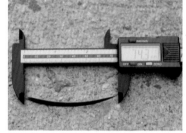

　　常绿乔木。树皮裂成不规则的薄片状脱落，露出淡褐色的内皮。叶条形，常向上方微弯呈弯镰状，长3.5~9厘米，宽3~4毫米，顶端具渐尖的刺状尖头，背面中脉两侧各有1条灰白色气孔带；具短柄。球花单性，雌雄异株；雄球花单生于叶腋，雄蕊排成4~8轮，每轮4枚；雌球花2个成对生于叶腋，无梗。种子核果状，倒卵圆形。花期3—4月。

　　我国特有树种。南安市仅翔云镇（沙溪村）可见栽培，见于村庄闲杂地。木材可用于工艺品、农具等。

买麻藤科 Gnetaceae

小叶买麻藤

【科属名】买麻藤科买麻藤属

【学　名】*Gnetum parvifolium*（Warb.）C. Y. Cheng ex Chun

　　常绿缠绕木质藤本。叶对生，革质，椭圆形至长倒卵形，长4~10厘米，宽2.5~3厘米。雄球花穗单出或一回分枝，穗长1~2厘米，具5~12轮环状总苞；雌球花穗分枝细长。种子核果状，卵形，无梗，成熟时假种皮红色。

　　南安市部分乡镇可见，多生于林地中，缠绕攀援在大树上。茎皮纤维质地坚韧，可编制绳索、麻袋等。种子炒后可食。

南安树木图鉴

被子植物门
Angiospermae

▶ （一）双子叶植物纲

Dicotyledoneae

木麻黄科 Casuarinaceae

木麻黄

【科属名】木麻黄科木麻黄属

【学　名】*Casuarina equisetifolia* L.

【别　名】马尾树（《中国种子植物分类学》）

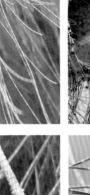

　　常绿乔木。小枝短，长 8～20 厘米，极易从节处拔断。叶退化成鳞片状，狭三角形，每节常 7 片。单性，雌雄同株；雄花多数，排成顶生的葇荑花序；雌花为头状花序，侧生于小枝的上部。果序椭圆形。花期 4—5 月，果期 6—10 月。

　　原产于澳大利亚和太平洋岛屿。南安市水头镇、石井镇等少数乡镇可见栽培，或已逸为野生。生长迅速，萌芽力强，抗风力强，耐干旱也耐盐碱，是沿海乡镇防风固沙林、农田防护林和水土保持林的先锋造林树种。

千头木麻黄

【科属名】木麻黄科木麻黄属

【学　名】*Casuarina nana* Sieber ex Spreng.

　　常绿小乔木。基部主干处多分枝。叶退化为鳞片状，7～9 片轮生，膜质，绿色。花单性，雌雄同株；无花被；雄花序穗状，顶生，灰褐色；雌花序头状，侧生于枝上，花柱有红色线状分枝。果序近球形。

　　原产于澳大利亚。南安市部分乡镇可见栽培，多见于公路绿化、公园或住房小区。枝叶浓密，易修剪成型，可作庭园观赏树。耐干旱也耐盐碱，抗风力强，是沿海乡镇很好的园林绿化树种。

金粟兰科 Chloranthaceae

草珊瑚

【科属名】金粟兰科草珊瑚属

【学　名】*Sarcandra glabra*（Thunb.）Nakai

【别　名】接骨金粟兰

　　常绿亚灌木。茎、枝具膨大的节。单叶对生，革质，椭圆形或卵状披针形，边缘具粗锯齿，齿尖有腺点，两面无毛。花两性；穗状花序，顶生，常分枝，花小，黄绿色；雄蕊1枚，花药2室。核果球形，成熟时亮红色。花期4—6月，果期8—10月。

　　南安市部分乡镇可见，多生于山坡、沟谷林下阴湿处。全株入药，有清热解毒、祛风活血、消肿止痛、抗菌消炎的功效。

杨柳科 Salicaceae

加杨

【科属名】杨柳科杨属

【学　名】*Populus×canadensis* Moench

【别　名】加拿大杨（《中国高等植物图鉴》）、

　　　　　美国大叶白杨（《中国树木分类学》）

　　落叶大乔木，高可达30米。单叶互生，纸质，三角形或三角状卵形，长枝和萌枝叶较大（一般长大于宽），无或有1～2腺体，边缘（半透明）具圆锯齿，两面无毛；叶柄侧扁而长，略带淡红色。雄花序每花有雄蕊15～25（40）枚；雌花序有花45～50朵，柱头4裂。蒴果。未见开花。

　　原产于加拿大。南安市码头镇（高速公路出口）等少数乡镇可见栽培，多见于高速公路路边。树干通直，耐贫瘠，生长速度极快，宜作道路、铁路两侧空旷地的绿化树种。树皮含鞣质，可提制栲胶，也可作黄色染料；木材可作箱板、家具、火柴杆、造纸等用材。

垂柳

【科属名】杨柳科柳属
【学　名】*Salix babylonica* L.
【别　名】柳树（闽南方言）

常绿乔木。枝条细长下垂。单叶互生，纸质，线状披针形，顶端长渐尖，边缘具细锯齿，两面无毛。花雌雄异株；柔荑花序；雄花有雄蕊 2 枚，花丝基部有长毛，腺体 2 个；雌花的子房椭圆形，腺体 1 个，柱头 2 裂。蒴果。花期 3—4 月，果期 5 月。

南安市部分乡镇可见栽培，多种植于溪岸边、池塘边、水沟边。叶繁枝密，如帷如幄，长条拂水，柔情万千，为优美的观赏树种。木材可作家具、包装箱板等用材。

箣柊（cè zhōng）

【科属名】杨柳科箣柊属
【学　名】*Scolopia chinensis*（Lour.）Clos

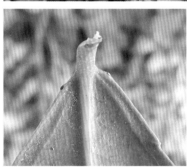

常绿小乔木或灌木。枝稀有刺，无毛。单叶互生，薄革质，椭圆形至长圆状椭圆形，顶端圆钝（稀短尖），边缘常全缘，基部两侧常各有 1 枚腺体，三出脉，两面光滑无毛。花两性；总状花序，腋生或顶生，淡黄色；萼片和花瓣边缘有睫毛，花瓣长大约是萼片的两倍；雄蕊多数；花柱和雄蕊近等长。浆果近球形，成熟时紫红色，花萼和花柱宿存。花期 8—10 月，边开花边结果。

南安市石井镇、水头镇等少数乡镇可见，多生于疏林地、林缘、水库周边、村庄闲杂地。材质优良，可作家具、器具等用材。

广东箣柊（guǎng dōng cè zhōng）

【科属名】杨柳科箣柊属

【学　名】*Scolopia saeva*（Hance）Hance

　　常绿小乔木或灌木。茎和大枝有时具分枝刺。单叶互生，薄革质，椭圆形至长圆状披针形，顶端渐尖（有时接近尾状尖），边缘具极疏锯齿或有时全缘，基部两侧无腺体（偶有不明显的小腺），三出脉不明显，两面光滑无毛。花两性；总状花序，腋生或顶生；萼片卵形；花瓣近圆形；雄蕊多数。浆果近球形，成熟时橙红色，花萼和花柱宿存。果期3—4月。

　　南安市洪梅镇（灵应寺）等少数乡镇可见，生于山地林中。

柞木

【科属名】杨柳科柞木属

【学　名】*Xylosma congesta*（Loureiro）Merrill

【别　名】凿子树、葫芦刺

　　常绿小乔木。雄株的茎、枝常有刺（雌株无刺），无毛。单叶互生，薄革质，叶形雌雄株稍有区别，通常雌株的叶为菱状椭圆形至卵状椭圆形，雄株的叶为椭圆形或卵形，边缘有锯齿，两面光滑无毛。花单性，雌雄异株；总状花序，腋生，花梗极短（长不足3毫米）；花萼4～6片；花瓣缺如；雄蕊多数；雌花的花柱短。浆果球形。

　　南安市部分乡镇可见，多生于疏林地或山地林中。材质坚实，可作家具、农具等用材。

球花脚骨脆

【科属名】杨柳科嘉赐树属

【学　名】*Casearia glomerata* Roxb.

【别　名】嘉赐树（《福建植物志》）

常绿灌木或小乔木。单叶互生，薄革质，排成二列，长椭圆形，边缘有小钝齿或呈微波状，侧脉弯拱上升。花两性；花多朵簇生于叶腋，黄绿色；萼片5片；无花瓣；雄蕊9~10枚。蒴果卵形，成熟时橙黄色。花期9—10月，果期10月至翌年春季。

南安市部分乡镇可见，多生于低海拔的山地疏林中。树形优美，叶色翠绿，果实金黄，可栽培种植于庭园供观赏。

天料木

【科属名】杨柳科天料木属

【学　名】*Homalium cochinchinense*
　　　　　（Lour.）Druce

落叶灌木或小乔木。小枝密被微柔毛。单叶互生，纸质，长椭圆形至倒卵形，边缘有锯齿，两面被渐脱落短柔毛；叶柄被短柔毛。花两性；总状花序腋生，花多数，白色，花序轴密被微柔毛；萼筒陀螺状；花瓣匙形，边缘有睫毛。蒴果。花期4—5月。

南安市部分乡镇可见，多生于林缘、疏林地中。

红花天料木

【科属名】杨柳科天料木属

【学　名】*Homalium ceylanicum*（Gardn.）Benth.

【别　名】母生、斯里兰卡天料木（《中国高等植物彩色图鉴》）

落叶乔木。小枝无毛。单叶互生，厚纸质，椭圆形至长圆形，边缘全缘或具疏细钝齿，两面无毛。花两性；总状花序腋生；花序梗被短柔毛；花瓣5～6片，线状长圆形，鲜时外面粉红色，两面被毛。花期7—8月。

南安市五台山国有林场可见零星栽培，较少见，已列入福建省第一批主要栽培珍贵树种名录。木材坚韧、纹理细密，是名贵的建筑、家具用材。

杨梅科 Myricaceae

杨梅

【科属名】杨梅科杨梅属

【学　名】*Myrica rubra*（Lour.）Sieb. et Zucc.

【别　名】朱红

常绿乔木。枝叶无毛。叶为单叶，常集生于小枝上部，互生，革质，倒卵状长圆形至倒卵状披针形，边缘全缘或中部以上具疏锯齿。花雌雄异株；雄花序穗状，单生或数条簇生于叶腋，圆柱状；雌花序常单生于叶腋，卵状。核果球形，外果皮具乳头状凸起，成熟时深红色或紫红色。花期3—4月，果期6—7月。

我国特有果树。南安市各乡镇极常见，野生或栽培，多生于山地林中、村庄闲杂地或荒野。树冠圆整，红果累累，四季常绿，可作庭园树和观赏树。生长适应性强，具有极强固氮作用，是很好的水土保持和矿山修复造林树种。果除了生食外，还可酿酒或加工成果干、果酱、蜜饯等。

胡桃科 Juglandaceae

少叶黄杞（shǎo yè huáng qǐ）

【科属名】胡桃科黄杞属
【学　名】*Engelhardia fenzelii* Merr.
【别　名】山榉、黄榉

　　常绿乔木。芽、幼枝、叶轴、花序、果实均被黄色鳞秕。叶为偶数羽状复叶，互生；小叶常1~2对，革质，对生或近对生，椭圆形至长椭圆形，边缘全缘，两面同色。花单性，雌雄同株；荑荑花序，雄花序常数个集生于枝顶，雌花序常单生于叶腋。坚果球形，成熟时黄色；3裂膜质苞片托于果实基部，苞片淡黄色。花期4—5月，果期8—10月。

　　南安市向阳乡、眉山乡等少数乡镇可见，多生于林中或林缘，已列入福建省第二批主要栽培珍贵树种名录。黄色的苞片在阳光的照耀下显得光彩夺目、熠熠生辉，具有极高的园林观赏价值，可加大苗木培育，推广种植。木材较轻软，可作雕刻、器具、刻印等用材。树皮、叶有毒。

枫杨

【科属名】胡桃科枫杨属
【学　名】*Pterocarya stenoptera* C. DC..

　　落叶乔木。叶为偶数或奇数羽状复叶，互生，小叶常8~14片，叶轴常具狭翅；小叶常对生，厚纸质，长圆形或长圆状椭圆形，背面脉腋有短柔毛，边缘具细锯齿，几乎无小叶柄。花单性，雌雄同株；荑荑花序；雄花花序生于叶腋，常有1（稀2或3）枚发育的花被片，雄蕊5~12枚；雌花花序生于枝顶，几乎无梗。坚果，长圆形，两侧具伸展的翅。花期3—5月，果期8—9月。

　　原产于福建、浙江、广东等地。南安市偶见零星栽培，生于村庄闲杂地。耐水湿，生长迅速，萌芽力强，可种植于溪岸、河道两侧、池塘边作为护堤树。木材材质轻软，不翘不裂，可作箱板、家具、农具、火柴杆等用材。

胡桃

【科属名】胡桃科胡桃属
【学　名】*Juglans regia* L.
【别　名】核桃

　　乔木。叶为奇数羽状复叶，互生，小叶常4～6对；小叶对生，厚纸质，椭圆状卵形至长椭圆形，顶端钝圆或急尖，边缘全缘（幼树的叶具稀疏细锯齿），除顶生小叶外几乎无叶柄。花单性，雌雄同株；雄花为葇荑花序，下垂，雄蕊6～30枚；雌花为穗状花序，花常1～3朵。果为假核果，近球形。花期5月，果期10月。

　　原产于华北、西北等地。南安市仅眉山乡（高田村）可见栽培，生于村庄道路边。种仁含油量高，可生食或榨油食用。

壳斗科 Fagaceae

板栗

【科属名】壳斗科栗属
【学　名】*Castanea mollissima* Blume
【别　名】栗（《中国植物志》）、栗子

　　落叶乔木。单叶互生，革质，椭圆形或矩圆状披针形，边缘有刺毛状锯齿，侧脉直达齿尖，背面被灰白色短柔毛。花单性，雌雄同株；雄花序直立，穗状；雌花序着生于雄花序基部。壳斗球形，密被锐刺，内有坚果2～3粒。花期5月，果期8—10月。

　　南安市部分乡镇可见栽培，多见于农村闲杂地。较耐寒，山区乡镇可选择"油栗""毛板红""魁栗"等优良品种发展种植。坚果富含淀粉和多种营养元素，味甜可食。

米槠（mǐ zhū）

【科属名】壳斗科锥属

【学　名】*Castanopsis carlesii*（Hemsl.）
　　　　　Hayata.

　　常绿乔木。单叶互生，二列状，薄革质，卵形至卵状披针形，长7～8厘米，宽2～3厘米，边缘中部以上有锯齿或全缘，顶端尾状尖，背面灰白色至灰棕色。花单性，雌雄同株；雄花序穗状，雌花单生于壳斗内。壳斗近球形，外壁被细小鳞片，全包坚果或偶有坚果顶端外露。花期3—6月，果翌年10—11月成熟。

　　南安市向阳乡等少数山区乡镇可见，多生于山地林中或村庄"四旁"，已列入福建省第三批主要栽培珍贵树种名录。四季常绿，适应性强，生长较快，是山区乡镇优良的山上造林树种。坚果味甜可食。枝桠、小径材、树皮、锯屑等是培育食用菌的优良原料。

苦槠（kǔ zhū）

【科属名】壳斗科锥属

【学　名】*Castanopsis sclerophylla*
　　　　　（Lindl.）Schott.

【别　名】血槠（《本草纲目》）、
　　　　　苦槠子（《本草拾遗》）

　　常绿乔木。单叶互生，厚革质，长椭圆形至倒卵状椭圆形，长6～12（～17）厘米，宽2～5（～7）厘米，边缘中部以上有锐锯齿，顶端短尾状尖，侧脉10～14对，背面被蜡质层。花单性，雌雄同株；雄花序穗状。壳斗近球形，外壁被三角形鳞片，鳞片顶端疣状突，排成6～7个同心环，全包坚果或坚果顶端外露。花期5月，果期10—11月。

　　南安市眉山乡（高田村）等少数山区乡镇可见，生于房前屋后。坚果味苦，不好直接食用。

裂斗锥

【科属名】壳斗科锥属

【学　名】*Castanopsis fissa*（Champ. ex Benth.）Rehd. et Wils.

【别　名】黧蒴锥（lí shuò zhuī）（《中国植物志》）、闽粤栲

　　常绿乔木。幼枝具棱。单叶互生，薄革质，长圆形至倒披针状椭圆形，长11～23（～30）厘米，宽4～9（～11）厘米，边缘2/3以上具钝锯齿；侧脉15～20对，直达齿尖。花单性，雌雄同株；雄花序穗状，雌花单生于壳斗内。壳斗卵圆形，外壁具三角形小鳞片连成的环纹（3～4条），通常全包坚果。花期4—5月，果期11—12月。

　　南安市部分乡镇可见，多生于海拔200～800米的山地林中。根系发达，固土能力强，生长速度快，是营造水源涵养林、水土保持林、薪炭林和荒山荒地绿化林的优良树种。木材材质一般，易燃烧，可作薪炭用材。

毛锥

【科属名】壳斗科锥属

【学　名】*Castanopsis fordii* Hance

【别　名】南岭锥（《福建植物志》）

　　常绿乔木。一年生枝、嫩叶、成长叶的叶背、叶柄及花序轴均密被黄褐色长绒毛。单叶互生，革质，长圆形至披针状长圆形，边缘全缘；叶柄粗短；托叶宽卵形，较迟脱落。花单性，雌雄同株；雄花序穗状，雌花单生于壳斗内。壳斗球形，成熟时呈规则4瓣裂，刺略扁，基部合生成束，完全遮盖壳斗。花期3—4月，果翌年10月成熟。

　　南安市罗山国有林场等少数地方可见，生于山地林中。材质坚重，耐腐，耐水湿，可作家具、造船、体育器械等用材。

栲树

【科属名】壳斗科锥属

【学　名】*Castanopsis fargesii* Franch.

【别　名】栲、丝栗栲、红栲

常绿乔木。幼枝、叶背密被红棕色鳞秕。单叶互生，薄革质，椭圆形或椭圆状披针形，边缘全缘（顶端偶有1～3对锯齿），背面呈红棕色。花单性，雌雄同株；雄花序穗状，雌花单生于壳斗内。壳斗近球形，刺不分叉或呈2～3回鹿角状分叉，不完全遮盖壳斗。花期4—5月，果翌年10—11月成熟。

南安市部分乡镇可见，多散生于山地林中。木材干燥不开裂，可作建筑、家具等用材。坚果可食。

红锥

【科属名】壳斗科锥属

【学　名】*Castanopsis hystrix* Miq.

常绿乔木，高可达30米。当年生枝紫褐色，被柔毛和黄棕色鳞秕；二年生枝无毛。单叶互生，薄革质，狭椭圆状披针形至卵状长圆形，边缘全缘（顶端偶有浅锯齿），背面在幼嫩时密生短柔毛和黄棕色鳞秕，呈银灰色或灰黄色。花单性，雌雄同株；雄花序为穗状花序；雌穗状花序单穗位于雄花序之上部叶腋间。壳斗圆球形，刺完全遮盖壳斗。

原产于福建、湖南、广东、海南、广西、贵州、云南等地，已列入福建省第一批主要栽培珍贵树种名录。南安市少数乡镇及罗山、五台山国有林场可见栽培，多见于山地林中。生长快，适应性强，是很好的山上造林树种。幼年较耐荫，可作为林分提升的重要树种。凋落物量多，改良土壤的作用大。枝桠是培养食用菌的优良材料。材质坚重，耐水湿，耐腐，可作建筑、家具等用材。

罗浮锥

【科属名】壳斗科锥属

【学　名】*Castanopsis faberi*
　　　　　Hance

【别　名】罗浮栲

　　常绿乔木。单叶互生，革质，卵状椭圆形至卵状披针形，顶端渐尖至尾状，边缘全缘或仅顶部有几对锯齿，两面不同色，表面深绿色，背面灰白色（蜡鳞层）。花单性，雌雄同株；雄花序穗状，雌花3朵生于壳斗内。壳斗近球形，外被短而锐利针刺，不完全遮盖壳斗；每壳斗内有坚果1～3个，坚果圆锥形。花期4—5月，果期10月。

　　南安市蓬华镇（天柱山）等少数乡镇可见，多生于林缘或山地林中。木材可作建筑、家具等用材。

硬斗石栎

【科属名】壳斗科柯属

【学　名】*Lithocarpus hancei*
　　　　　（Bentham）Rehd.

【别　名】硬壳柯（《中国植物志》）

　　常绿乔木。枝叶无毛。单叶互生，革质，椭圆形或长圆形，侧脉之间的小脉形成蜂窝状网络，边缘全缘，两面同色。花单性，雌雄同株；雌雄花序穗状直立；壳斗3个一簇，浅碗状，外被细小的三角形鳞片。花期4—6月，果翌年11月成熟。

　　南安市翔云镇、向阳乡等少数乡镇可见，多生于山地林中。

多穗石栎

【科属名】壳斗科柯属
【学　名】*Lithocarpus polystachyus*
（Wall.ex DC.）Rehd.

　　常绿乔木。枝叶无毛。单叶互生，薄革质，倒卵状椭圆形至狭椭圆形，中脉在两面均隆起，侧脉之间的小脉平行（不形成蜂窝状网络），边缘全缘，背面被灰白色细鳞秕。花单性，雌雄同株。壳斗密集，3～5个成簇生于果序轴上，浅碟状，鳞片三角形（排成环状）。坚果卵圆形。果期10—11月。

　　南安市山区乡镇可见，多生于山地林中。

青冈

【科属名】壳斗科青冈属
【学　名】*Cyclobalanopsis glauca*
（Thunberg）Oersted
【别　名】青冈栎（《中国树木分类学》）

　　常绿乔木。小枝无毛。单叶互生，革质，倒卵状椭圆形至长椭圆形，边缘中部以上有锯齿，侧脉（粗而明显）9～10对，背面有灰白色蜡粉层和贴伏长柔毛。花单性，雌雄同株；雄花序为下垂的荑荑花序；壳斗碗状，包住坚果1/3，同心环带（全缘）5～6条。花期4—5月，果当年10—11月成熟。

　　优良乡土阔叶树种，已列入福建省第三批主要栽培珍贵树种名录。南安市部分乡镇可见，多生于山地林中。耐干燥，可生长于多石砾的山地。木材坚韧质重，可作建筑、家具、农具、运动器械等用材，亦是优良的薪炭材。

卷斗青冈

【科属名】壳斗科青冈属

【学　名】*Cyclobalanopsis pachyloma*
　　　　　　（Seemen）Schottky

【别　名】毛果青冈（《中国植物志》）

常绿乔木。单叶互生，革质，倒卵状椭圆形至披针形，长6~13厘米，宽2~3厘米，边缘中部以上有锯齿，幼叶背面被黄色卷曲柔毛，后渐脱落。花单性，雌雄同株；雄花序为下垂的荑葇花序；壳斗杯状，边缘常有外卷，外密被黄褐色绒毛，包住坚果1/2，同心环带7~8条。花期3月，果期9—10月。

南安市仅眉山乡（天山村、三凌村）可见，多生于村庄道路边或闲杂地，已列入福建省第二批主要栽培珍贵树种名录。木材材质坚重，可作为造船、农具、体育器材和木工工具等用材。

榆科 Ulmaceae

榔榆

【科属名】榆科榆属

【学　名】*Ulmus parvifolia* Jacq.

落叶乔木。树皮灰色，不规则鳞片状脱落；当年生小枝密生柔毛。单叶互生，厚纸质，卵形或椭圆形，边缘具锯齿，背面有短柔毛；托叶线状披针形。聚伞花序腋生，有花3~6朵；花被4片，长圆形；雄蕊4枚。翅果椭圆状卵形，成熟时红色。花期9—10月，果期10—12月。

南安市丰州镇、梅山镇等少数乡镇可见，多生于溪谷岸边、路边或林缘。材质坚韧，耐水湿，可作为家具、造船、器具、农具等用材。

大麻科 Cannabaceae

山黄麻

【科属名】大麻科山黄麻属

【学　名】*Trema tomentosa*（Roxb.）Hara

【别　名】异色山黄麻（《福建木本植物检索表》）

常绿灌木或小乔木。嫩枝密被短柔毛。单叶互生，纸质，卵状披针形，边缘具细锯齿，表面密被短硬毛，粗糙，背面密生灰白色柔毛，基生脉3～5条。聚伞花序腋生，花小，黄绿色；雄蕊与花被数同为5。核果球形，成熟时黑紫色。花期6—11月，果期8—12月。

南安市各乡镇常见，多生于山坡、路边、林缘、溪畔的灌丛中。树皮纤维可作人造棉、麻绳和造纸原料。

光叶山黄麻

【科属名】大麻科山黄麻属

【学　名】*Trema cannabina* Lour.

灌木或小乔木。嫩枝被细伏毛。单叶互生，近膜质，卵状披针形，顶端尾状渐尖，边缘有细锯齿，表面无毛光滑，背面无毛（偶有沿脉疏生细毛），基生脉3条。花单性；聚伞花序腋生，短于叶柄，花小；雄花花被5裂，雄蕊5枚；雌花花被5裂，花柱2枚。核果球形，成熟时橘红色，花被宿存。花期7—9月，果期9—10月。

南安市部分乡镇可见，多生于林缘、荒野或疏林地。

朴树（pò shù）

【科属名】大麻科朴属

【学 名】*Celtis tetrandra* Roxb.

　　落叶乔木，高可达 25 米。嫩枝密被短柔毛；冬芽内部鳞片无毛或有微柔毛。单叶互生，厚纸质，阔卵形至狭卵形，基部多偏斜，边缘在基部或中部以上有钝齿，表面平滑无毛。花杂性；雌花 1～3 朵生于幼枝上部；雄花生于下部；雌雄花的花被均为 4 片；雄蕊 4 枚。核果近球形，果核具穴和突肋。花期 3—4 月，果期 7—8 月。

　　南安市部分乡镇可见，野生或栽培，多见于山坡、林缘、村庄闲杂地。树冠圆满宽广，生长适应性强，园林应用上常作行道树和庭园树，亦适合作盆景。木材轻而硬，可作家具、建筑、枕木等用材。

异叶紫弹

【科属名】大麻科朴属

【学 名】*Celtis biondii* Pamp.

　　落叶乔木。当年生小枝密被短柔毛；冬芽内部鳞片密生长柔毛。单叶互生，厚纸质，倒卵形或倒卵状椭圆形，顶端尾状或近平截而突然缩狭成长尾状，边缘在中部以上有钝齿，表面粗糙具糙伏毛。花杂性；雌雄花的花被均为 4 片；雄蕊 4 枚。核果近球形，果核具网纹。花期 4—5 月，果期 9—10 月。

　　南安市丰州镇等少数乡镇可见，生于山地杂木林中。

桑科 Moraceae

桑

【科属名】桑科桑属
【学　名】*Morus alba* L.
【别　名】桑树、蚕桑

　　小乔木或灌木。单叶互生，纸质，卵形或宽卵形，边缘常具粗钝锯齿（有时为不规则分裂），表面光滑无毛，背面有腋毛。花单性，雌雄异株；荑黄花序；雄花序下垂，比雌花序长约1倍。聚花果柱形，成熟时红色或黑紫色。花期2—3月，果期4—5月。

　　原产于我国中部和北部。南安市各地常见栽培。适应性强，生长快，常种植于房前屋后或村庄闲杂地，亦作盆栽摆放于阳台。叶可饲养家蚕。果可生食或酿酒。根皮、枝条、叶和果实入药，有清肺热、祛风湿、补肝肾的功效。木材可作乐器、雕刻等用材。

奶桑

【科属名】桑科桑属
【学　名】*Morus macroura* Miq. var. *Macroura*

　　常绿小乔木。嫩枝被柔毛。单叶互生，纸质，卵形或宽卵形，先端渐尖至尾尖，边缘具细密锯齿；叶柄长2～4厘米。花雌雄异株；雄花序穗状，单生或成对腋生，长可达8厘米，花被4片，雄蕊4枚；雌花序狭圆筒形，长可达12厘米，花被4片，无花柱，柱头2裂。聚花果成熟时枣红色。花期3—4月，果期4—5月。

　　原产于我国云南、西藏等地。南安市部分乡镇可见栽培，多生于房前屋后。果成熟后可食。

构树

【科属名】桑科构树属

【学　名】*Broussonetia papyrifera*（L.）
L'Hér. ex Vent.

【别　名】谷树（《诗经》）

　　落叶乔木。小枝粗壮，密生柔毛。叶为单叶，纸质，宽卵形或长圆状卵形，边缘具锯齿，不分裂或2～5裂，两面被毛；托叶大（长可达2厘米），狭渐尖。花单性，雌雄异株；雄花序为葇荑花序，雌花序为头状花序。聚花果球形，肉质，成熟时深红色。花期4—5月，果期7—9月。

　　南安市各乡镇常见，多生于村旁、路旁、荒野或林缘。果可生食或酿酒。叶可作饲料。树皮是优质的造纸原料。

葡蟠（pú pán）

【科属名】桑科构树属

【学　名】*Broussonetia kaempferi* Sieb.

【别　名】藤构

　　藤状灌木。小枝细长呈蔓性。单叶互生，狭卵形或卵状椭圆形，边缘具锯齿，表面疏被糙伏毛或近无毛，背面被长柔毛。花单性，雌雄异株；雄花序为葇荑花序，雌花序为头状花序。聚花果球形，肉质，成熟时红色。花果期4—7月。

　　南安市部分乡镇可见，多生于山地灌丛中、路旁、沟边。树皮为造纸优良原料。

波罗蜜

【科属名】桑科波罗蜜属
【学　名】*Artocarpus heterophyllus* Lam.
【别　名】木波罗、树波罗

　　常绿乔木，高可达 20 米。叶为单叶，螺旋状排列，革质，椭圆形或倒卵形，边缘全缘；托叶抱茎，环状托叶痕明显。花单性，雌雄同株；花序生于老茎或短枝上。聚花果长椭圆形，重可达20 多公斤，表面有六角形瘤状突起，成熟时黄色。花期 2—3 月，果夏秋成熟。

　　原产于印度。南安市各乡镇可见栽培。树干通直，树性强健，树冠茂密，除了作为果树栽培外，园林应用上也很广泛，可作为庭园树、遮荫树、观赏树。果香气浓郁，味甜可食。木材坚硬，纹理美观，是上等的家具用材；根可作木雕。

白桂木

【科属名】桑科波罗蜜属
【学　名】*Artocarpus hypargyreus* Hance
【别　名】红桂木

　　常绿乔木。树皮紫红色，片状脱落；幼枝被柔毛；具乳汁。单叶互生，革质，椭圆形至倒卵状长圆形，边缘全缘，幼叶常为羽状浅裂，叶背密被灰白色柔毛。花单性，雌雄同株；花序单生于叶腋；聚花果近球形，灰白色至金黄色，表面有乳头状凸起，果序柄长 3～6厘米。花果期 5—9 月。

　　南安市眉山乡、向阳乡、乐峰镇等乡镇可见，野生或栽培（英都镇），多生于山地阔叶林中。乳汁可以提取硬性胶。木材是上等的家具用材。

构棘（gòu jí）

【科属名】桑科橙桑属

【学　名】*Cudrania cochinchinensis*（Lour.）Kudo et Masam.

【别　名】葨芝（wēi zhī）（《福建植物志》）

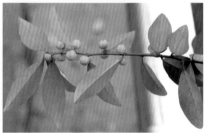

常绿灌木。枝具粗壮、锐利的刺。单叶互生，革质，椭圆形、长圆形或狭倒卵形，边缘全缘，两面无毛。花单性，雌雄异株；头状花序单生或成对生于叶腋，微被毛，总花梗短。聚花果球形，肉质，成熟时橘红色。花期4—7月，果期6—12月。

南安市部分乡镇可见，多生于村庄附近、荒野、疏林地的灌丛中。植株具刺，可栽培作绿篱用。果可生食或酿酒。茎皮及根皮入药，有清热活血、舒筋活络的功效。木材煮汁可作黄色染料。

青果榕

【科属名】桑科榕属

【学　名】*Ficus variegata* Bl. var. *chlorocarpa*（Benth.）King

常绿乔木。嫩枝无毛。单叶互生，厚纸质，卵形、卵状长圆形或卵状披针形，基部圆形或微心形，基生脉5条，边缘全缘，顶端渐尖，嫩叶背面脉上密被毛。榕果簇生于树干或老枝上，球形，基部收狭成短柄。花果期夏秋。

南安市部分乡镇可见，多生于溪边、路边、林缘或山地林中。果为鸟雀喜食。

水同木

【科属名】桑科榕属

【学　名】*Ficus fistulosa* Reinw. ex Bl.

　　常绿乔木。嫩枝疏生硬毛。单叶互生，厚纸质，倒卵状长圆形或椭圆状长圆形，基部圆形或阔楔形，顶端钝短尖，嫩叶背面脉上略被疏硬毛；嫩叶叶柄疏生硬毛。榕果簇生于树干发出的瘤状短枝上，球形，基部收狭成短柄。花果期4—12月。

　　南安市部分乡镇可见，多生于溪边、路边、林缘或山地林中。果为鸟雀喜食。

粗叶榕

【科属名】桑科榕属

【学　名】*Ficus hirta* Vahl

【别　名】五指毛桃、大青叶(《植物名实图考》)

　　常绿灌木或小乔木。嫩枝中空；小枝、榕果被锈色或金黄色长硬毛。单叶互生，厚纸质，边缘具细锯齿，叶型变化大，不裂或3~5条深裂，不裂叶通常为卵形至倒卵状长圆形，表面疏生贴伏粗硬毛，背面密或疏生开展的白色或黄褐色绵毛和糙毛，基出脉3~5条。榕果单生或成对，腋生或生于已落叶的叶腋，无总梗，顶部有脐状突起。花果期3—11月。

　　南安市部分乡镇可见，多生于疏林地、林缘、沟谷的灌木丛中。茎皮纤维可制麻绳、麻袋。根、果入药，有祛风湿，益气固表的功效。

黄毛榕

【科属名】桑科榕属

【学　名】*Ficus esquiroliana* Levl.

　　小乔木或灌木。幼枝中空，被褐黄色硬长毛。单叶互生，纸质，广卵形，分裂或不分裂，表面疏生糙伏状长毛，背面被褐黄色波状长毛（中脉和侧脉尤为稠密），基出脉7条，边缘具细锯齿（齿端被长毛）。榕果单生、成对或数个簇生，腋生或生于已落叶的叶腋，表面密被黄褐色长柔毛，顶部有脐状突起，无总梗。花期5—6月，果期7月。

　　南安市部分乡镇可见，多生于疏林地中或林缘。

榕树

【科属名】桑科榕属

【学　名】*Ficus microcarpa* L. f.

【别　名】万年青

　　常绿大乔木，高可达25米。树皮灰白色；根系庞大而粗壮；锈褐色气生根下垂；植株无毛。单叶互生，革质，椭圆形或倒卵形，与叶柄交接处无关节，边缘全缘，叶脉不明显。榕果单生或成对，生于叶腋，基生苞片分离宿存，扁球形，成熟时黄色或淡红色，无总梗。花果期4—11月。

　　南安市各乡镇极常见。叶色浓绿，叶茂如盖，四季常青，生长快，寿命长，适应性极强，广泛应用于园林绿化，可作行道树、遮荫树、园景树、"四旁"树，或制作成盆景供观赏。

小叶榕

【科属名】桑科榕属

【学　名】*Ficus concinna* Miq.

【别　名】雅榕(《中国植物志》)、
　　　　　红榕

　　常绿大乔木，高可达 20 米。树皮红褐色；无气生根；植株无毛。单叶互生，薄革质，椭圆形或倒卵状长圆形，与叶柄交接处有关节，边缘全缘，叶脉较明显。榕果单生或成对，生于叶腋，球形，顶部有脐状突起，总花梗极短或无。花果期 5—11 月。

　　南安市部分乡镇可见，野生或栽培，多生于房前屋后或村庄闲杂地。园林用途同榕树。

黄金榕

【科属名】桑科榕属

【学　名】*Ficus microcarpa* 'Golden Leaves'

【别　名】金叶榕

　　栽培变种。与榕树的主要区别是：叶呈金黄色。

菩提树

【科属名】桑科榕属

【学　名】*Ficus religiosa* L.

【别　名】菩提榕、思维树（《群芳谱》）

大乔木，高可达25米。无气生根。单叶互生，革质，三角状卵形，先端渐尖或延长成长尾状，基部宽截形或微心形，边缘全缘或波状；叶柄细长（长可达13厘米）。榕果单生或成对腋生，球形，成熟时淡红色，无总梗。花果期3—8月。

原产于印度。南安市部分乡镇可见栽培。树姿优美，树叶婆娑，枝繁叶茂，可作庭园树、行道树、风景树，很适宜种植于佛教寺庙。

传说在2000多年前，佛祖释迦牟尼是在菩提树下修成正果的，佛教视菩提树为"神圣之树"。

印度榕

【科属名】桑科榕属

【学　名】*Ficus elastica* Roxb. ex Hornem.

【别　名】印度胶树（《中国植物志》）、橡皮榕、印度胶榕

常绿大乔木，高可达30米。气生根下垂，具丰富乳汁，全株无毛。叶大（长可达30厘米，宽可达13厘米），厚革质，长圆形至椭圆形，边缘全缘；侧脉多数，不明显，平展；托叶深红色，长可达15厘米，包裹顶芽，环状托叶痕明显。榕果成对腋生，卵状长圆形，成熟时黄绿色，无总梗。花果期5—10月。

原产于印度及东南亚地区。南安市部分乡镇可见栽培，可作遮荫树、风景树、庭园树，或制作成盆景供观赏。乳汁可制成硬性树胶，为橡胶的主要原料。

金边印度榕

【科属名】桑科榕属

【学　名】*Ficus elastica* 'Aureo-
　　　　　marginata' Hort.

　　栽培变种，与印度榕的主要
区别是：叶缘及叶脉呈不规则的
淡红色或金黄色斑块。南安市罗
东镇等少数乡镇可见栽培，见于
村庄闲杂地。

台湾榕

【科属名】桑科榕属

【学　名】*Ficus formosana* Maxim.

【别　名】小银茶匙（《植物名实图考》）

　　常绿灌木。幼枝圆柱形，纤细，疏被短柔毛。
单叶互生，纸质，倒披针形或倒卵形，边缘全缘或
呈波状（上部有时具不规则齿裂），侧脉不明显。榕
果单生于叶腋，梨形，顶部脐状突起，总梗长 1～7
毫米。花果期 4—10 月。

　　南安市向阳乡等少数乡镇可见，多生于林下、
山地路旁、疏林地的灌木丛中。茎皮纤维可织麻袋。
根入药，可治神经性耳聋。

笔管榕

【科属名】桑科榕属

【学　名】*Ficus superba* Miq. var. *japonica* Miq.

【别　名】山榕(《福建植物志》)、雀榕

　　大乔木，高可达20米。有乳汁，全株无毛。单叶互生，厚纸质，椭圆形至长圆形，边缘全缘，侧脉在近叶缘处网结。榕果单生或簇生于已落叶的枝条上，近球形，成熟时黄色或淡红色，总梗长3~5毫米。花果期几乎全年。

　　南安市部分乡镇可见，多生于路旁、林缘或山地林中。目前，在园林应用上较少，值得栽培推广，可作为"四旁"树、园景树、遮荫树。木材纹理细致、美观，可作雕刻用材。根、叶有清热解毒、杀虫的功效。

变叶榕

【科属名】桑科榕属

【学　名】*Ficus variolosa* Lindl. ex Benth.

【别　名】赌博赖(《植物名实图考》)

　　常绿灌木或小乔木。小枝节上有环状突起的托叶疤痕；全株无毛。单叶互生，薄革质，狭椭圆形至椭圆状披针形，先端钝或钝尖，边缘全缘且微反卷；托叶三角形。榕果成对或单生叶腋，球形，总梗长8~20毫米，顶部有脐状突起，成熟时紫红色。花果期3—11月。

　　南安市部分乡镇可见，多生于林缘、沟谷、疏林地的灌丛中。

高山榕

【科属名】桑科榕属

【学　名】*Ficus altissima* Blume

　　常绿大乔木，高可达 30 米。具锈褐色气生根。单叶互生，厚革质，广卵形至广卵状椭圆形，边缘全缘，两面无毛；托叶厚革质，环状托叶痕明显。榕果单个或成对腋生，椭圆状卵圆形，成熟时金黄色，无总梗。花果期 3—10 月。

　　原产于海南、广西、云南、四川等地。南安市各乡镇常见栽培。园林绿化用途同榕树。生长迅速，耐干旱，耐贫瘠，亦可作为矿山修复的造林树种。不耐寒，山区乡镇高海拔村庄不宜种植。

斑叶高山榕

【科属名】桑科榕属

【学　名】*Ficus altissima* cv. *Variegata*

【别　名】花叶富贵榕

　　常见的栽培变种。与高山榕的主要区别是：叶面具黄色或黄白色斑块。优良的彩色叶植物，广泛应用于园林绿化。

黄葛树

【科属名】桑科榕属

【学　名】*Ficus virens* Ait.

【别　名】大叶榕（闽南方言）、黄葛榕

　　落叶（时间极短，很快就长出新叶）大乔木，高可达20米。板根强大，可延伸至数十米。叶大（长10～25厘米、宽4～8厘米），厚纸质，长椭圆形至披针形，边缘全缘；叶柄长可达5厘米；托叶卵状披针形，长可达10厘米。榕果单生或成对，腋生或簇生于已落叶的枝条上，球形，成熟时淡红色，无总梗。花果期4—8月。

　　原产于我国西南和华南地区。南安市部分乡镇可见栽培。茎干粗壮，树冠庞大，叶色翠绿，悬根露爪，生长迅速，可作遮荫树、景观树、行道树。发达而粗壮的根系破坏力极大，可拱起路面砖，拱开路沿石，慎选作人行道上的绿化树种。木材纹理细致、美观，可作雕刻和家具等用材。

柳叶榕

【科属名】桑科榕属

【学　名】*Ficus binnendijkii* Miq.

　　常绿乔木，高可达10米。红褐色气生根下垂，具乳汁。单叶互生，纸质，披针形，先端尾状尖，边缘全缘，两面无毛。榕果单生或成对生于叶腋，球形，表面有瘤体，成熟时橘红色，无总梗。花果期3—10月。

　　原产于热带和亚热带地区。南安市部分乡镇可见栽培。四季常青，枝叶浓密，姿态优美，叶似柳叶飘逸婆娑，可作行道树、园景树、"四旁"树。不耐寒，山区高海拔村庄不宜引种。

垂叶榕

【科属名】桑科榕属

【学　名】*Ficus benjamina* Linn.

【别　名】垂枝榕、垂榕

　　常绿乔木，高可达20米。枝叶略下垂。单叶互生，薄革质，卵形至广椭圆形，先端尾状尖，边缘全缘，两面无毛。榕果成对生于叶腋，近球形，成熟时橘红色，无总梗。花果期几乎全年。

　　原产于我国的西南和华南地区。南安市各乡镇常见栽培。喜光，亦耐荫蔽，抗有害气体及烟尘的能力极强，园林园艺应用十分广泛，可作行道树、园景树、遮荫树；耐修剪，可形成圆柱形、球形等造型供观赏，或密植形成绿篱绿墙。

花叶垂榕

【科属名】桑科榕属

【学　名】*Ficus benjamina*
　　　　　'Variegata'

【别　名】斑叶垂榕

　　常见的栽培变种。与垂叶榕的主要区别是：叶脉及叶缘具不规则的白色斑块。

　　原产于印度、马来西亚等地。南安市部分乡镇可见栽培。园林用途同垂叶榕。作盆景摆放在室内或阳台，可清新空气。

聚果榕

【科属名】桑科榕属

【学　名】*Ficus racemosa* L.

常绿大乔木，高可达 25 米，胸径可达 1 米。树皮灰褐色，平滑；幼枝、嫩叶、榕果被柔毛或近无毛。单叶互生，薄革质，椭圆状倒卵形或长椭圆形，先端渐尖或钝尖，基部楔形或钝形，边缘全缘，基生脉 3 条。榕果聚生于老茎发出的短枝上，梨形，成熟时橙红色。花果期 5—12 月。

原产于云南、贵州、广西等地。南安市北山生态公园可见栽培，极少见。喜潮湿地带，可种植于溪岸边。

环纹榕

【科属名】桑科榕属

【学　名】*Ficus annulata* Bl.

常绿乔木。单叶互生，薄革质，长椭圆形至椭圆状披针形，长 13～28 厘米，宽 5～8 厘米，边缘全缘，两面无毛或背面微被柔毛。榕果成对腋生，卵圆形至长圆形，成熟时橙红色，表面散生斑点，顶生苞片脐状突起，总梗粗壮，长 1～1.5 厘米，近顶部有环纹。花果期 5—8 月。

原产于云南南部。南安市北山生态公园可见栽培，极少见。

大琴叶榕

【科属名】桑科榕属

【学　名】*Ficus lyrata* Warb.

　　常绿灌木或小乔木。单叶互生，薄革质，宽卵圆形，基部耳状，顶端渐尖、圆或微凹，整个叶片呈提琴形，边缘全缘，两面无毛。榕果单生或成对生于叶腋。

　　原产于非洲热带地区。南安市部分乡镇可见栽培，多见于公路绿化带、公园或庭院。

无花果

【科属名】桑科榕属

【学　名】*Ficus carica* L.

　　落叶灌木或小乔木。单叶互生，厚纸质，近圆形或阔卵形，常掌状 3～5 裂（稀不裂），边缘有锯齿，背面有柔毛。榕果单生于叶腋，果大（长可达 6 厘米，直径可达 5 厘米），梨形，成熟时黄绿色，总梗长 0.5～1 厘米。花果期 5—11 月。

　　原产于地中海沿岸。南安市部分乡镇可见栽培，多见于庭院、公园、村庄"四旁"。榕果味甜可生食或加工制成蜜饯、干果、果酱、饮料等。

天仙果

【科属名】桑科榕属

【学　名】*Ficus erecta* Thunb. var. *beecheyana*（Hook. et Arn.）King

　　落叶小乔木或灌木。幼枝、叶柄、总花梗密被柔毛。单叶互生，纸质，倒卵形或菱状长圆形，边缘全缘或上部具疏齿，两面被柔毛，基生脉3条。榕果单生或成对生于叶腋，球形或梨形，常密被柔毛（稀无毛），成熟时紫红色，总梗长0.5~2厘米。花果期4—11月。

　　南安市部分乡镇可见，多生于林缘或路边。

薜荔（bì lì）

【科属名】桑科榕属

【学　名】*Ficus pumila* L.

【别　名】凉粉子

　　常绿藤本或匍匐灌木。幼时借气根攀缘。叶为单叶，两型，在不结果的小枝上，叶小，长1~2.5厘米，宽0.5~1.5厘米，心状卵形，薄革质；在结果的小枝上，叶大，长3~12厘米，宽2~2.5厘米，卵状椭圆形，革质；边缘全缘，基生脉3条，网脉在叶背凸起呈蜂窝状。榕果单生于叶腋，梨形。花果期2—6月。

　　南安市各乡镇极常见，多生于围墙上、大树上。园林绿化上可用来点缀山石或者墙垣。果实可制作凉粉食用。根、茎、叶、果入药，有祛风除湿、活血通络、消肿解毒、补肾、通乳的功效。

荨麻科（qián má kē） Urticaceae

苎麻（zhù má）

【科属名】荨麻科苎麻属

【学　名】*Boehmeria nivea*（L.）Gaudich.

　　亚灌木。茎上部、叶柄密被柔毛。单叶互生，纸质，卵形至宽卵形，边缘具粗锯齿，背面密被白色毡毛；托叶钻状披针形。花雌雄同株；团伞花序再排成圆锥状，雄花序在下，雌花序在上，腋生，花小，密集；雄蕊4枚。瘦果近球形。花期8—10月，果期9—11月。

　　南安市各乡镇常见，多见于村庄闲杂地、路边、荒野。茎皮纤维细长坚韧，可织成麻布。

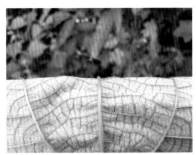

鳞片水麻

【科属名】荨麻科水麻属

【学　名】*Debregeasia squamata* King ex Hook. f.

　　灌木。小枝、叶柄密被红色疣毛（肉质皮刺）和短柔毛。单叶互生，薄纸质，宽卵形或卵圆形，边缘具粗锯齿，表面密生点状钟乳体。花雌雄异株；团伞花序，腋生。瘦果浆果状，成熟时橙红色。花期8—10月，果期10月至翌年1月。

　　南安市东田镇等少数乡镇可见，生于村庄闲杂地。

山龙眼科 Proteaceae

银桦 (yín huà)

【科属名】山龙眼科银桦属
【学　名】*Grevillea robusta* A. Cunn. ex R. Br.

　　常绿大乔木，高可达 25 米。树皮浅纵裂，嫩枝被锈色绒毛。单叶互生，二回羽状深裂，裂片 5～12 对，背面被棕色绒毛和银灰色绢状毛；小裂片披针形，全缘或再分裂。花两性；总状花序，花橙黄色；花被管下弯；萼片花瓣状；无花瓣；雄蕊 4 枚。蓇葖果卵状椭圆形，压扁且偏斜。花期 4—5 月，果期 7—8 月。

　　原产于大洋洲。南安市部分乡镇可见栽培，多见于村庄闲杂地或公园。树干通直，四季常绿，花开时节，满树尽是"黄金甲"，优美典雅，可作行道树、庭园树、风景树、农田防护林树种等。木材可作家具、包装箱、胶合板、室内装修等用材。

小果山龙眼

【科属名】山龙眼科山龙眼属
【学　名】*Helicia cochinchinensis* Lour.
【别　名】红叶树（《福建植物志》）

　　常绿乔木。枝和叶均无毛。单叶互生，厚纸质，长圆形、倒卵状椭圆形或长椭圆形，边缘全缘或中部以上疏生浅锯齿，网脉不明显。花两性；总状花序，腋生，花梗常双生，花淡黄色；花萼 4 片，花开放后向外反卷；无花瓣；雄蕊 4 枚。坚果椭圆状，成熟时蓝黑色。花期 8—9 月，果期翌年 1—2 月。

　　南安市翔云镇等少数乡镇可见，多生于山地林中。种子可榨油，供制肥皂等用。木材坚韧，适宜做小农具。

澳洲坚果

【科属名】山龙眼科澳洲坚果属

【学　名】*Macadamia integrifolia* Maiden & Betche

【别　名】夏威夷果、昆士兰果

　　常绿乔木，高可达 15 米。叶革质，通常 3 枚轮生或近对生，长圆形至倒披针形，长 5～15 厘米，宽 2～3（～4.5）厘米，顶端急尖至圆钝（有时微凹），边缘疏生尖齿（成龄树的叶近全缘）。总状花序，腋生或近顶生，花淡黄色或白色。果近球形，顶端具短尖。花期 4—5 月，果期 7—8 月。

　　原产于澳大利亚。南安市东田镇南坑村、农科所可见栽培。果为著名干果，被誉为"干果之王"。木材红色，可作细木工、家具等用材。

檀香科 Santalaceae

寄生藤

【科属名】檀香科寄生藤属

【学　名】*Dendrotrophe frutescens*（Champ. ex Benth.）Danser

　　常绿木质藤本，或呈灌木状。叶为单叶，略厚，互生，倒卵形至阔椭圆形，基部收狭而下延成叶柄，基出脉 3 条，边缘全缘，两面无毛。花通常单性（稀两性），雌雄异株；雄花球形，5～6 朵集成聚伞状花序，腋生；花被 5 裂，裂片三角形；雌花常单生，短圆柱状；两性花常单生，卵形。核果卵形，成熟时红褐色。花期 2—3 月，果期 7—9 月。

　　南安市部分乡镇可见，多生于海拔 100～300 米的山地灌丛中，常攀援于树上。全株入药，有消肿止痛的功效。

檀香

【科属名】檀香科檀香属
【学　名】*Santalum album* L.
【别　名】真檀(《本草纲目》)、印度檀香

常绿乔木。单叶对生，纸质，椭圆状卵形，基部楔形或阔楔形，多少下延，边缘全缘，两面无毛；叶柄长可达 1.5 厘米。花两性；三歧聚伞式圆锥花序腋生或顶生；花被管钟状，裂片 4 片，卵状三角形，内部初时绿黄色，后呈深棕红色；雄蕊 4 枚。核果梨形，成熟时紫黑色。花期 6—8 月，果期 7 月至翌年 1 月。

原产于太平洋岛屿，目前印度栽培最多，故又名"印度檀香"。南安市英都镇、码头镇、东田镇等少数乡镇可见栽培。嫩叶可制"檀香茶"，代茶饮。树干的心材具有强烈的香气，为名贵药材的香料。

紫茉莉科 Nyctaginaceae

光叶子花

【科属名】紫茉莉科叶子花属
【学　名】*Bougainvillea glabra* Choisy
【别　名】三角梅(闽南方言)、簕杜鹃

常绿藤状灌木。嫩枝无毛或疏被柔毛；具腋生锐刺。单叶互生，纸质，椭圆形至阔卵形，边缘全缘，表面无毛，背面疏被柔毛。花序腋生或顶生，呈圆锥状，常 3 朵生于 3 片苞片内；苞片叶状，椭圆状卵形，鲜红色(市场上杂交品种很多，颜色多种)；萼管疏被柔毛；雄蕊 6~8 枚。花期几乎全年(10 月至翌年 4 月为盛花期)，未见结果。

原产于巴西。南安市各地均有栽培。花色绮丽，五彩缤纷，热烈奔放，为人们十分钟爱的观花植物，观赏价值极高。可用作庭院、公园、道路、住房小区、学校、厂区等绿化，亦作配置花坛、花带、花篱、花架植物，景观独特，魅力无限。

叶子花(*Bougainvillea spectabilis* Willd.)与本种十分相似，人们也习惯称之为"三角梅"。两者在形态上是有区别的，叶子花的枝、叶、萼管均密被柔毛，而光叶子花的枝、叶、萼管无毛或疏被柔毛。

毛茛科 Ranunculaceae

柱果铁线莲

【科属名】毛茛科（máo gèn kē）铁线莲属
【学　名】*Clematis uncinata* Champ.

　　木质藤本。全株几乎无毛。叶为一至二回羽状复叶，对生，有小叶 5～15 片；小叶薄革质，长圆状卵形至卵状披针形，边缘全缘。花两性；圆锥状聚伞花序，腋生或顶生；萼片 4 片，白色；无花瓣；雄蕊多数。瘦果圆柱状钻形，成熟时黑色，无毛，宿存花柱长可达 2 厘米。花期 6—7 月，果期 8—10 月。

　　南安市部分乡镇可见，多生于林缘、山地、山谷、溪边的灌丛中。根入药，有祛风除湿、舒筋活络、镇痛的功效。

山木通

【科属名】毛茛科（máo gèn kē）铁线莲属
【学　名】*Clematis finetiana* Lévl. et Vant.

　　木质藤本。小枝有棱。叶为三出复叶，基部有时为单叶；小叶薄革质或革质，卵状披针形至狭卵形，基出脉 3～5 条，边缘全缘，两面无毛。花两性；花单生，或为聚伞花序，或为总状聚伞花序，腋生或顶生，有花 1～7 朵；萼片常 4 片，白色；无花瓣；雄蕊多数。瘦果，狭卵形，宿存花柱长可达 3 厘米，具柔毛。花期 7—8 月，果期 10—12 月。

　　南安市部分乡镇可见，多生于路边、林缘的灌丛中，有时攀援于其他树上。全株入药，有清热解毒、止痛、活血的功效。

小檗科 Berberidaceae

南天竹

【科属名】小檗科（xiǎo bò kē）南天竹属
【学　名】*Nandina domestica* Thunb.
【别　名】观音竹

　　常绿小灌木。叶为三回羽状复叶，互生，集生于茎的上部，二回羽片至三回羽片均对生；小叶对生，薄革质，椭圆形或椭圆状披针形，边缘全缘，两面无毛；几乎无柄。花两性；圆锥花序，顶生，花小，白色，微芳香；雄蕊6枚。浆果球形，成熟时鲜红色。花期3—6月，果期5—12月。
　　原产于我省永安、泰宁等地。南安市部分乡镇可见栽培。冬季叶子变红，红色的果子挂满枝头，喜气洋洋，为良好的观赏树种，可种植于庭院、公园、住房小区、学校等。根、茎入药，有强筋活络，消炎解毒之功效；果入药，有止咳平喘的功效。

阔叶十大功劳

【科属名】小檗科（xiǎo bò kē）十大功劳属
【学　名】*Mahonia bealei*（Fort.）Carr.
【别　名】土黄柏

　　常绿灌木。茎直立，少分枝，植株无毛。叶为一回奇数羽状复叶，互生，有小叶11～17片，常聚生于茎的上部；小叶对生，厚革质，长4～8厘米，宽2.5～6厘米，卵形至卵状椭圆形，基部近圆形或阔楔形，边缘具刺状锐齿，顶端具尾状锐刺。花两性；总状花序直立，花黄色；花瓣6片；雄蕊6枚。浆果卵形，成熟时深蓝色，被白粉。花期12月至翌年2月，果期4—5月。
　　南安市翔云镇、东田镇等少数乡镇可见，多生于林缘或疏林地中。全株入药，有清热、除湿、泄三焦火的功效；可治痢疾、咽喉肿痛等症。

防己科 Menispermaceae

木防己

【科属名】防己科木防己属

【学　名】*Cocculus orbiculatus*（L.）DC.

缠绕木质藤本。嫩枝、叶、叶柄、花序轴密被柔毛。单叶互生，纸质，阔卵形或卵状椭圆形，先端钝或微凹，边缘常全缘。花单性，雌雄异株；聚伞花序腋生，或聚伞状圆锥花序顶生或腋生；雄花淡黄色，萼片6片，花瓣6片，雄蕊6枚；雌花萼片和花瓣与雄花相似，雄蕊退化，心皮6枚。核果近球形，成熟时蓝黑色。花期4—7月，果期6—10月。

南安市部分乡镇可见，多生于路旁、农村闲杂地、荒野或林缘，攀援于其他树上。

木兰科 Magnoliaceae

鹅掌楸（é zhǎng qiū）

【科属名】木兰科鹅掌楸属

【学　名】*Liriodendron chinense*（Hemsl.）Sarg.

【别　名】马褂木

落叶大乔木，高可达25米。叶为单叶，马褂状，背面青白色，两面无毛；托叶包被顶芽，脱落后枝条留有环状托叶痕；叶柄长可达10多厘米。花两性；单生于枝顶，杯状；花被片9片；雄蕊和雌蕊多数。聚合果纺锤形，小坚果具翅。花期5月，果期9—10月。

古老的孑遗植物，已列入国家二级重点珍稀濒危保护植物，福建省第一批主要栽培珍贵树种名录。福建省武夷山、建宁、柘荣等地可见野生，南安市五台山国有林场、罗山国有林场可见栽培。树干挺直，树姿优美，叶形奇特，花色艳丽，可作庭园观赏树种。木材纹理直，结构细，干燥后少开裂，为优良的建筑、家具、细木工等用材。

夜香木兰

【科属名】木兰科长喙木兰属

【学　名】*Lirianthe coco*（Loureiro）N. H. Xia & C. Y. Wu

【别　名】夜合花（《植物名实图考》）

　　常绿灌木。全株无毛。单叶互生，革质，狭椭圆形或倒卵状椭圆形，边缘全缘（稍反卷）；托叶痕达叶柄顶端。花单朵顶生，夜晚极香；花梗粗壮，弯拱；花被9片，稍肉质，外轮3片，白绿色，内轮6片，纯白色；雄蕊多数。花期6—9月，未见结果。

　　原产于我国南部。南安市部分乡镇可见栽培，多见于庭院、公园、寺庙。叶色翠绿，花色洁白，香气浓郁，为美丽的庭园观赏树种。

荷花玉兰

【科属名】木兰科北美木兰属

【学　名】*Magnolia grandiflora* Linn.

【别　名】洋玉兰（《中国树木分类学》）荷花木兰、广玉兰

　　常绿乔木。小枝、芽、叶背、叶柄均密被锈色短绒毛。单叶互生，厚革质，椭圆形或倒卵状椭圆形；叶柄无托叶痕。单朵花顶生，直立，白色，芳香。聚合果圆柱状长圆形。花期5—6月，果期9—10月。

　　原产于北美洲。南安市少数乡镇可见栽培，多见于公园。花开时，犹如一朵朵洁白的荷花镶嵌在绿叶之上，美不胜收。可种植于公园、厂区、学校、寺庙等空旷绿地，供观赏。较耐寒，山区高海拔村庄亦可种植。叶和花可提取芳香油。叶入药，治高血压。材质坚重，可作家具、装饰板等用材。

二乔玉兰

【科属名】木兰科木兰属

【学　名】*Yulania × soulangeana*
（Soul.-Bod.）D. L. Fu

　　落叶小乔木，高可达 10 米。单叶互生，纸质，倒卵形，先端短急尖，表面中脉和侧脉常残留着毛；托叶痕约为叶柄长的 1/3。花蕾卵圆形，先花后叶，淡紫红色，花被片 6～9 片，外轮 3 片花被片常较短约为内轮长的 2/3。聚合果。花期 2—3 月，果期 9—10 月。

　　玉兰与辛夷的杂交种，园艺栽培品种很多。南安市蓬华镇、眉山乡等少数乡镇可见栽培，见于公园或房前屋后。

黄缅桂

【科属名】木兰科含笑属

【学　名】*Michelia champaca* L.

【别　名】黄兰含笑、黄玉兰

　　本种与白兰（Michelia alba DC.）的特征相似，主要的区别是：①本种的托叶痕超过叶柄的中部，白兰的托叶痕在叶柄中部以下。②本种花为橙黄色，白兰的花为白色。

　　原产于我国西南部。南安市部分乡镇可见栽培。园林及其他用途同白兰。

白兰

【科属名】木兰科含笑属

【学　名】*Michelia alba* DC.

【别　名】白玉兰、白兰花

常绿乔木，高可达 20 米。单叶互生，薄革质，长椭圆形或披针状椭圆形；托叶痕未超过叶柄的中部。花两性；单朵花生于叶腋，花白色，极香；花被常 10 片，披针形。聚合果穗状，蓇葖革质。花期 5—8 月，结果少。

原产于印度尼西亚爪哇。南安市各乡镇常见栽培。花芳香馥郁，沁人心脾，深受人们喜欢的香化树种，可种植于住房小区、校园、公园等绿地。根肉质，怕积水，不宜种植在低洼地带；小枝较酥脆，易折断，不宜爬树采花。花可提取香精，鲜叶可蒸取香油。

含笑

【科属名】木兰科含笑属

【学　名】*Michelia figo* (Lour.) Spreng.

【别　名】含笑花、香蕉花

常绿灌木，高可达 3 米。芽、嫩枝、叶柄、花梗均密被绒毛。单叶互生，革质，倒卵状椭圆形，边缘全缘；托叶痕长达叶柄顶端。花两性；单朵花生于叶腋，具香蕉味的浓香；花被 6 片，肉质，淡黄色；雌蕊群无毛。花期 3—5 月，结果少。

原产于我国华南地区。南安市各乡镇常见栽培。叶色青翠，姿态优美，浓香四溢，香气迷人，令人赏心悦目，是深受人们喜爱的香化树种和观花树种。适合种植于庭院、公园、住房小区、风景区、校园等绿地，亦常作盆栽，闻香赏花。花瓣可提取芳香油或拌入茶叶制成花茶。

因花开而不放，笑而不语，故得名"含笑花"；因花具有香蕉的甜香，故又名"香蕉花"。

深山含笑

【科属名】木兰科含笑属

【学　名】*Michelia maudiae* Dunn

【别　名】莫夫人含笑花（《中国植物图谱》）、
　　　　　光叶白兰花

常绿乔木，高可达20米。植株无毛；芽、嫩枝、叶背均被白粉。单叶互生，革质，长圆形或长圆状椭圆形，表面深绿色具光泽，背面灰绿色具白粉，边缘全缘；托叶与叶柄离生，叶柄上无托叶痕。花两性；花单生于叶腋，有香气；佛焰苞状苞片淡褐色；花被片9片，白色，基部稍呈淡红色；雄蕊多数。聚合果穗状，蓇葖卵状长圆形，有小尖头；种子红色。花期1—2月，果期9—10月。

原产于福建、浙江、湖南、广西、贵州等地，已列入福建省第一批主要栽培珍贵树种名录。南安市眉山乡、翔云镇等少数乡镇可见栽培，多见于公路边或林缘。四季常绿，树型美观，花大纯洁，可作庭园观赏树或行道树。耐严寒，山区乡镇高海拔村庄可引进种植。木材纹理直，结构细，可作家具、板料、绘图板等用材。

乐昌含笑

【科属名】木兰科含笑属

【学　名】*Michelia chapensis* Dandy

常绿乔木，高可达30米。单叶互生，薄革质，倒卵形至长圆状倒卵形，边缘全缘；叶柄具张开的沟；无托叶痕。花两性；单朵花生于叶腋，芳香；花被片6片，淡黄色，排成2轮。聚合果穗状，蓇葖果卵圆形。花期3—4月，果期8—9月。

原产于广东、广西、江西、福建等地，已列入福建省第一批主要栽培珍贵树种名录。南安市部分乡镇可见栽培。树干通直，树冠塔形，四季常绿，可作行道树和园景树。耐严寒，易管护，非常适合作为山区乡镇行道树。木材是高级的家具、工艺品、装饰板、胶合板等用材。

醉香含笑

【科属名】木兰科含笑属
【学　名】*Michelia macclurei* Dandy
【别　名】火力楠

　　常绿大乔木。芽、嫩枝、叶柄、托叶及花梗均被短柔毛。单叶互生，革质，倒卵形、倒卵状椭圆形或椭圆形；叶柄细长，上面具狭纵沟，无托叶痕。花两性；单朵花生于叶腋，白色，芳香；花被片9片，排成3轮。聚合果短穗状。花期2—3月，果期9—11月。

　　原产于广东、广西等地，已列入福建省第一批主要栽培珍贵树种名录。南安市部分乡镇可见栽培。树干通直，四季常青，花色洁白，生长迅速，适应性强，是优良的用材树种、防火树种、"四旁"绿化树种和行道树种，也是杉木、马尾松理想的混交造林树种。木材结构细，少开裂，是优质的建筑和家具用材。

五味子科 Schisandraceae

八角

【科属名】五味子科八角属
【学　名】*Illicium verum* Hook. f.
【别　名】八角茴香（《本草纲目》）

　　常绿乔木。单叶互生，生于顶端的叶片近轮生或松散簇生，革质，倒卵状椭圆形、倒披针形或椭圆形，边缘全缘，表面密布透明油点，两面无毛。花两性；花单生于叶腋或近顶生，粉红色至深红色；花被7~12片，排成数轮；雄蕊11~20枚。聚合果八角形。花期4—5月和8—9月，果期9—10月和翌年2—3月。

　　原产于广东、广西和云南。南安市少数乡镇可见栽培，官桥镇曙光村有成片种植，发展香料产业。八角是重要的经济树种，果为著名的调味香料；也供药用，有祛风理气、和胃调中的功效。木材质地轻软，有香气，可作细木工、家具、箱板等用材。

南五味子

【科属名】五味子科冷饭藤属

【学　名】*Kadsura longipedunculata* Finet et Gagnep.

　　木质藤本。植株各部无毛，小枝具皮孔。单叶互生，薄革质，长圆状椭圆形或长圆状披针形，集生于枝顶，边缘常具疏齿，表面具淡褐色腺点。花单性，雌雄异株；花单生于叶腋，黄色，有香气，花梗细长；雄花花被片8~17片，雄蕊多数；雌花花被片与雄花相同，心皮聚集成球形。聚合果球形，成熟时红色。花期6—9月，果期9—12月。

　　南安市眉山乡等少数乡镇可见，多生于灌木丛中。果味甜，可生食。根、茎、叶、果均可入药，有行气活血、祛风消肿的功效。

番荔枝科 Annonaceae

瓜馥木

【科属名】番荔枝科瓜馥木属

【学　名】*Fissistigma oldhamii*（Hemsl.）
　　　　Merr.

【别　名】毛瓜馥木（《中国树木分类学》）

　　攀援灌木。嫩枝被黄褐色短柔毛。单叶互生，革质，倒卵状椭圆形或长圆形，顶端圆或微凹（有时急尖），幼时叶背被黄褐色短柔毛，老时无毛。聚伞花序，有花1~3朵；花瓣淡黄色，基部有紫红色斑块。浆果球形，密被绒毛，成熟时紫红色。花期3—9月，果期7—12月。

　　南安市眉山乡等少数乡镇可见，生于山沟灌木丛中。果成熟时味甜，可食用。

刺果番荔枝

【科属名】番荔枝科番荔枝属
【学　名】*Annona muricata* L.
【别　名】红毛榴莲

　　常绿乔木。单叶互生，厚纸质，排成二列，倒卵状长圆形至椭圆形，边缘全缘，顶端常急尖。花蕾卵圆形；花淡黄色，外轮花瓣厚，阔三角形，内轮花瓣稍薄，卵状椭圆形。果为聚合浆果，卵圆形，幼时具刺。花期4—7月，果期5—12月。

　　原产于热带美洲。南安市北山生态公园可见栽培。四季常绿，可作庭园树。果实硕大，微酸多汁，可食用。

番荔枝

【科属名】番荔枝科番荔枝属
【学　名】*Annona squamosa* L.
【别　名】释迦果、林檎、佛头果

　　落叶小乔木。叶为单叶，纸质，排成二列，椭圆状披针形或长圆形，背面苍白绿色，边缘全缘。花单生或2~4朵聚生，与叶对生或顶生，青黄色；外轮花瓣狭而厚，肉质，长圆形，内轮花瓣退化成鳞片状。果为聚合浆果，圆球形或心状圆锥形，黄绿色。花期4—6月，果期6—11月。

　　原产于热带美洲。南安市部分乡镇有栽培。可种植于农村闲置地、公园等。果可食用，为热带地区著名水果。

　　因果外形酷似荔枝，故得名"番荔枝"。

樟科 Lauraceae

香樟

【科属名】樟科桂属

【学　名】*Cinnamomum camphora*（L.）Presl

【别　名】樟（《本草拾遗》）、樟树（闽南方言）

　　常绿大乔木，高可达 30 米。枝、叶、木材有香气；树皮不规则纵裂。单叶互生，厚纸质，卵状椭圆形或卵形，边缘全缘，离基三出脉，脉腋具明显隆起的腺窝，两面无毛。花两性；圆锥花序腋生，花小，绿白色或带黄色；花被片 6 片，内面被短柔毛；能育雄蕊 9 枚。浆果近球形，成熟时紫黑色。花期 3—4 月，果期 10—11 月。

　　香樟是南安市珍贵乡土阔叶树种，已列入福建省第一批主要栽培珍贵树种名录。南安市各乡镇常见，栽培或野生。树冠伞形，枝叶茂密，四季常青，是优良的行道树。全树可提取樟脑和樟油，应用于医药和香料工业，价值很高。木材材质致密，不翘不裂，具特殊香气，是造船、家具、雕刻、建筑的上等用材。

阴香

【科属名】樟科桂属

【学　名】*Cinnamomum burmannii*（C. G. et Th. Nees）Bl.

　　常绿乔木，高可达 20 米。树皮平滑，具桂皮香味。单叶互生或近对生，革质，卵形、长圆形至椭圆状披针形，离基三出脉，两面无毛。花两性；圆锥花序腋生或近顶生，花黄白色，花序梗与序轴均密被微柔毛。浆果长卵形，果托具整齐 6 齿裂，齿端截平。花期 4—5 月，果期 11 月至翌年 2 月。

　　南安市部分乡镇常见。树干挺直，树冠浓郁，四季常绿，是优良的庭园树、遮荫树和行道树。树皮和叶可提取芳香油；皮、根和叶入药，有健胃祛风的功效。木材纹理直，结构细，为上等家具和其他细工用材。

肉桂

【科属名】樟科桂属

【学　名】*Cinnamomum cassia* Presl

【别　名】桂皮

　　常绿乔木。老树皮厚可达 10 毫米。单叶互生，革质，长椭圆形，边缘软骨质，离基三出脉，横脉近平行。叶柄粗壮，长可达 2 厘米。花两性；圆锥花序腋生或近顶生，花白色；能育雄蕊 9 枚，退化雄蕊 3 枚。浆果椭圆形，成熟时黑紫色。花期 6—8 月，果期翌年 1—3 月。

　　原产于我国、印度、越南等地，为重要的香料树种。南安市少数乡镇可见栽培，蓬华镇和官桥镇人工栽培较多。树皮入药或作为香料，中药名称"桂皮"；枝条横切后称"桂枝"。枝、叶、果实可提制桂油，为重要香料的原料。

檫木（chá mù）

【科属名】樟科檫木属

【学　名】*Sassafras tzumu*（Hemsl.）Hemsl.

【别　名】檫树

　　落叶乔木，高可达 35 米。单叶互生，聚集于枝顶，坚纸质，卵形或倒卵形，羽状脉或离基三出脉，嫩叶两面有短柔毛，成长叶两面无毛或背面沿脉网疏被短硬毛，边缘 2～3 浅裂或全缘。花单性，雌雄异株；总状花序，顶生，先花后叶，花淡黄色；雄花花被裂片 6 片，披针形，能育雄蕊 9 枚；雌花退化雄蕊 12 枚，子房卵球形。核果。花期 2—3 月。

　　原产于我国长江以南，已列入福建省第二批主要栽培珍贵树种名录。南安市仅向阳乡有栽培，见于山地林中。极喜光，生长快，是优良的速生用材树种，人工纯林效果差，常与杉木混交造林，既可满足檫木"露头裹足"的生态要求，又能防止地力衰退，效果良好。木材材质优良，不翘不裂，耐腐性强，可作造船、桥梁、建筑和上等家具等用材。

红楠

【科属名】樟科润楠属

【学　名】*Machilus thunbergii* Sieb. et Zucc.

常绿中等乔木。单叶互生，革质，倒卵形至倒卵状披针形，先端短突尖或短渐尖，尖头钝，基部楔形，表面深绿色，背面浅绿色被白粉，边缘全缘；叶柄带淡红色。花两性；花序顶生或在新枝上腋生，无毛，在上端分枝；花被裂片长圆形，外面无毛。浆果扁球形，成熟时黑紫色，果梗淡红色。花期2—3月，果期7月。

南安市翔云镇等少数乡镇可见，多生于山地林中。木材硬度适中，可作建筑、家具、胶合板、雕刻等用材。

绒毛润楠

【科属名】樟科润楠属

【学　名】*Machilus velutina* Champ. ex Benth.

【别　名】绒楠（《中国树木分类学》）

常绿小乔木。枝、芽、叶背、叶柄和花序均密被锈色绒毛。单叶互生，革质，狭倒卵形或椭圆形，基部楔形；叶柄较纤细。花两性；花序顶生，近似团伞花序，几乎无总梗；花黄绿色，被锈色绒毛。浆果球形，成熟时紫红色，果梗红色肉质。花期10—12月，果期翌年2—3月。

南安市部分乡镇可见，多生于海拔200～600米山地林中。木材质地坚硬，可作家具和薪炭等用材。

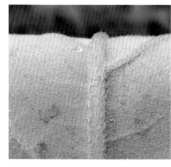

黄绒润楠

【科属名】樟科润楠属

【学　名】*Machilus grijsii* Hance

常绿灌木或小乔木。枝、芽、叶背、叶柄和花序均密被黄褐色绒毛。单叶互生，革质，倒卵状长圆形，基部近圆形；叶柄粗壮。花两性；花序丛生枝顶，总梗长 1～2.5 厘米，花绿黄色；花被裂片 6 片，排成 2 轮，外轮较小，花后不脱落。浆果球形，成熟时蓝黑色，果梗红色肉质。花期 2—3 月，果期 4—6 月。

南安市部分乡镇可见，多生于海拔 200～600 米山地林中、林缘或荒山荒地灌丛中。

刨花润楠（páo huā rùn nán）

【科属名】樟科润楠属

【学　名】*Machilus pauhoi* Kanehira

【别　名】粘柴

常绿乔木。嫩枝无毛。叶为单叶，常集生小枝顶端，革质，椭圆形或狭椭圆形或倒披针形，基部楔形，边缘全缘。花两性；聚伞状圆锥花序生于当年生枝下部，总花梗细长；花被裂片卵状披针形，6 片；能育雄蕊 9 枚，退化雄蕊 9 枚。浆果球形，成熟时黑色，果梗红色肉质。花期 3 月，果期 6—7 月。

南安市部分乡镇可见，多生于海拔 1000 米以下且立地条件较好的林缘、山坡阔叶林中，已列入福建省第二批主要栽培珍贵树种名录。木材富含胶质，刨成薄片浸水可产生黏液，加入石灰水中，可用于粉刷墙壁，增加石灰的黏着力。木材材质一般，可作建筑、家具、胶合板等用材。

浙江润楠

【科属名】樟科润楠属

【学　名】*Machilus chekiangensis* S. Lee

　　常绿乔木。枝散生唇形凸起的皮孔。叶为单叶，常聚生于小枝顶端，互生，革质，倒披针形，背面无毛，小脉纤细，在两面结成细密蜂巢状浅窝穴，边缘全缘；叶柄纤细。花两性；圆锥花序生于近枝顶，总梗长可达 3～4 厘米，花绿白色；花被裂片 6 片，排成 2 轮，两面被细小绢毛。浆果球形，花被裂片宿存。花期 4 月，果期 6—7 月。

　　南安市部分乡镇可见，多生于山地阔叶林中。

闽楠

【科属名】樟科楠属

【学　名】*Phoebe bournei*（Hemsl.）Yang

【别　名】楠木、竹叶楠

　　常绿大乔木，高可达 40 米。单叶互生，革质，倒卵状披针形或倒卵状椭圆形，最宽处常在中部，背面具短柔毛。花两性；圆锥花序生于新枝的中部和下部，被毛，花黄色；花被裂片卵形，被柔毛；雄蕊 9 枚。核果卵状椭圆形，宿存花被裂片紧贴。花期 4 月，果期 10—11 月。

　　我国特有种，国家三级保护野生植物，已列入福建省第一批主要栽培珍贵树种名录。南安市部分乡镇可见栽培，五台山国有林场、眉山乡有小面积成片造林。木材材质优良，致密坚韧，不翘不裂，有香气，是上等的建筑、家具、雕刻等用材。

香港新木姜子

【科属名】樟科新木姜子属

【学　名】*Neolitsea cambodiana*
var. *glabra* Allen

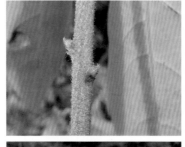

　　常绿乔木。嫩枝、嫩叶叶柄密被贴伏黄褐色短柔毛。单叶轮生或近轮生，纸质，长圆状披针形、倒卵形或椭圆形，边缘全缘，两面无毛或背面中脉基部有黄褐色柔毛，背面具白粉；叶柄外弯。花单性，雌雄异株；伞形花序多个生于叶腋，每个花序有花4~5朵。果球形。花期10—12月，果期翌年7—8月。

　　原种锈叶新木姜子（*Neolitsea cambodiana* Lec.）的变种，两者的主要区别是：锈叶新木姜子的幼叶两面密被毛（老叶两面仍有毛），本种的叶两面无毛（有时仅叶背中脉基部有毛）。南安市罗山国有林场等少数地方可见，生于阔叶林中。

山鸡椒

【科属名】樟科木姜子属

【学　名】*Litsea cubeba*（Lour.）Pers.

【别　名】山苍子、臭樟子

　　落叶小乔木。全株具芳香味，枝叶无毛。单叶互生，纸质，披针形或长圆形，羽状脉，边缘全缘。花单性，雌雄异株；伞形花序单生或簇生，有花4~6朵，总花梗长可达1厘米；花被裂片宽卵形，6片；雄花：能育雄蕊9枚；雌花：雄蕊退化，子房卵形，柱头头状。浆果球形，成熟时黑色。花期2—3月，果期7—8月。

　　南安市各乡镇常见，多生于疏林地、林缘或荒野。根、茎、叶和果实均可入药，有祛风散寒、消肿止痛的功效。木材材质中等，可作普通家具和建筑等用材。

潺槁木姜子（chán gǎo mù jiāng zǐ）

【科属名】樟科木姜子属

【学　名】*Litsea glutinosa*（Lour.）C. B. Rob.

　　常绿小乔木或乔木。幼枝、嫩叶和顶芽被绒毛。单叶互生，革质，倒卵形至倒卵状长圆形或椭圆形，顶端钝或圆；叶柄长可达 2.5 厘米，被绒毛。花单性，雌雄异株；伞形花序生于叶腋，单生或簇生；花序梗被绒毛；花被裂片不完全或缺；雄花：能育雄蕊常 15 枚或更多；雌花：子房近于圆形，花柱粗大，柱头漏斗形。浆果球形，成熟时蓝黑色。花期 5—6 月，果期 9—10 月。

　　南安市部分乡镇可见，多生于林缘、溪旁、疏林地。根、皮、叶均可入药，有清湿热、消肿毒、治腹泻的功效。木材稍坚硬，可作家具用材。

豺皮樟（chái pí zhāng）

【科属名】樟科木姜子属

【学　名】*Litsea rotundifolia* var. *oblongifolia*（Nees）Allen

　　常绿灌木。小枝无毛或近无毛。单叶互生，薄革质，卵状长圆形，无毛或有微柔毛，羽状脉，边缘全缘；叶柄粗短。花单性，雌雄异株；伞形花序生于叶腋，无总梗；每一花序有花 3~4 朵，花小，无梗；花被裂片 6 片，大小不等；能育雄蕊 9 枚。果球形，成熟时蓝黑色。花期 8—9 月，果期 9—11 月。

　　南安市各乡镇可见，多生于荒山、林缘、山地路边。

香叶树

【科属名】樟科山胡椒属

【学　名】*Lindera communis* Hemsl.

【别　名】大香叶

常绿乔木。嫩枝被短柔毛。单叶互生，薄革质，卵形或椭圆形，表面无毛，背面被黄褐色柔毛，后渐脱落成疏柔毛或无毛，羽状脉。花单性，雌雄异株；伞形花序生于叶腋，有花5～8朵，黄色或黄白色；花被裂片卵形，6片，近等大；雄花：雄蕊9枚；雌花：子房椭圆形，柱头盾形，具乳突。果卵形，成熟时红色。花期3—4月，果期9—10月。

南安市部分乡镇可见，多生于山地林中、路边或村庄杂地。适应性强，生长良好，可作为山地造林的阔叶树种，山区及沿海乡镇均可种植。果皮可提取芳香油供作香料；种仁榨油供制肥皂、润滑油、油墨等。枝叶入药，民间用于治疗跌打损伤及牛马癣疥等。木材可作建筑、家具等用材。

乌药

【科属名】樟科山胡椒属

【学　名】*Lindera aggregata*（Sims）Kosterm.

【别　名】鳑毗（páng pí）树（《本草纲目》）

常绿灌木或小乔木。嫩枝密被绢毛。单叶互生，革质，卵圆形或椭圆形，顶端尾尖至长渐尖，基部圆形，背面苍白色，幼时密被柔毛（后渐脱落），三出脉。花单性，雌雄异株；伞形花序腋生，常6～8个花序集生于短枝上，无总花梗；每个花序有花6～7朵；花被裂片6片，近等长；雄花：花丝被疏柔毛，退化雌蕊坛状；雌花子房椭圆形，柱头头状。果椭圆形，成熟时黑色。花期3—4月，果期6—11月。

南安市翔云镇等少数乡镇可见，多生于疏林地或林缘。根（纺锤状或结节状膨大）入药，有理气散寒、健胃的功效。

辣木科 Moringaceae

辣木

【科属名】辣木科辣木属

【学　名】*Moringa oleifera* Lam.

半落叶乔木。叶常为 3 回羽状复叶，互生，羽片 4～6 对，每个羽片有小叶 3～9 片；小叶对生，薄纸质，卵形、椭圆形或长圆形。花两性；圆锥花序，花淡黄白色，微香；花萼 5 裂；花瓣狭匙形，5 片；雄蕊 10 枚（发育雄蕊和退化雄蕊各 5 枚）。蒴果长条形。花果期几乎全年。

原产于印度。南安市各乡镇可见栽培，或已逸为野生。生长快，适应性强，常种植于房前屋后、农村闲杂地。叶子可作蔬菜食用或焙炒制成辣木茶。种子可榨油，为高级润滑油。

绣球花科 Hydrangeaceae

绣球

【科属名】绣球花科绣球属

【学　名】*Hydrangea macrophylla*（Thunb.）Ser.

【别　名】八仙花（《植物名实图考》）、八仙绣球（《植物分类学报》）

灌木。小枝粗壮，多分枝。单叶对生，厚纸质，倒卵形或阔椭圆形，边缘除基部外具粗锯齿，表面无毛，背面通常无毛。花两性，具不孕花和孕性花；伞房状聚伞花序近圆形，顶生，密集；花白色、粉红色或淡蓝色；不孕花多数，萼片通常 4 片；孕性花极少数，花萼 5 裂，花瓣 5 片，雄蕊 10 枚。蒴果。花期 6—7 月。

原产于我国湖南、贵州、四川等地。南安市部分乡镇可见栽培。花大饱满，妖艳烂漫，是理想的观花植物，可种植于公园、庭院、学校、住房小区、道旁等绿地，亦常作盆栽摆放阳台供观赏。

因花序极似我国传统文化中的绣球而得名。

本种的栽培变种及品种很多，比如：①紫阳花（'Otaksa'），老品种，植株较矮，叶质较厚，花粉红或蓝色。②银边八仙花（var.maculata Wils.），叶缘白色。③雪球（'Kuhnert'），叶较小，花玫瑰红色。

常山

【科属名】绣球花科常山属
【学　名】*Dichroa febrifuga* Lour.
【别　名】鸡骨常山

　　落叶灌木。小枝稍具四棱或近圆柱状；无毛或疏被短柔毛。单叶对生，厚纸质，叶形变化大，常呈椭圆形、倒卵形、椭圆状长圆形或披针形，边缘具锯齿，无毛或疏被短柔毛。花两性；伞房状圆锥花序顶生或近顶腋生，花蓝色或蓝白色；花序梗被短柔毛；花瓣5～6片，开花后反折；雄蕊10～20枚。浆果近圆形，成熟时蓝色。花期4～6月，果期8—10月。

　　南安市翔云镇等少数乡镇可见，多生于阴湿林缘或水渠边。根含有常山素，治疟疾，有解热、催吐的功效。

海桐科 Pittosporaceae

海桐

【科属名】海桐科海桐属
【学　名】*Pittosporum tobira*（Thunb.）Ait.

　　常绿灌木。嫩枝被柔毛。单叶互生，革质，聚生于枝顶，倒卵形或倒卵状披针形，边缘全缘。花两性；伞形花序顶生或近顶生，花初开时白色，后变黄色，芳香；花瓣5片；雄蕊5枚。蒴果近圆形。种子鲜红色（有黏性）。花期3—4月，果期9—10月。

　　原产于我国台湾、福建、广东、浙江等地。南安市各乡镇可见栽培，或已逸为野生，多见于石灰岩区域、山坡、公园或住房小区。枝叶浓密，下枝覆地，株形圆整，耐半阴，耐修剪，是很好的绿篱、绿带植物；抗风抗海潮，水头镇、石井镇沿海区域均可种植。

金缕梅科 Hamamelidaceae

壳菜果（ké cài guǒ）

【科属名】金缕梅科壳菜果属

【学　名】*Mytilaria laosensis* Lec.

【别　名】米老排

　　常绿乔木。枝条上有环状托叶痕。单叶互生，薄革质，阔卵圆形，顶端 3 浅裂或全缘；掌状脉 5 条。花两性；肉穗状花序顶生或腋生，花多数，螺旋状排列；花瓣 5 片，带状舌形，黄白色；雄蕊 10～13 枚。蒴果卵圆形，内果皮木质。花期 4—5 月，果期 9—11 月。

　　原产于广东、广西、云南等，已列入福建省第一批主要栽培珍贵树种名录。南安市五台山、罗山国有林场等少数地方有栽培。生长迅速，抗火性强，萌芽力强，是营造水土保持林、生物防火林带的优良树种。木材硬度适中，可作建筑、家具、造纸、胶合板等用材。

红花荷

【科属名】金缕梅科红花荷属

【学　名】*Rhodoleia championii* Hook. f.

　　常绿乔木。嫩枝粗壮，无毛。单叶互生，薄革质，卵形，顶端钝或略尖，三出脉，背面灰白色，两面无毛；叶柄长可达 5.5 厘米。头状花序，常弯垂；萼筒短，先端平截；花瓣匙形，红色。头状果序，有蒴果 5 个；蒴果卵圆形。花期 3 月。

　　原产于广东省。南安市仅英都镇可见栽培，见于山地路边。

檵木（jì mù）

【科属名】金缕梅科檵木属

【学　名】*Loropetalum chinense*
　　　　　（R. Br.）Oliver

【别　名】白花檵木

　　常绿灌木。小枝被星状毛。单叶互生，革质，卵形，背面被星状毛，边缘全缘。花两性；头状花序顶生，有花多朵；花瓣4片，白色，带状。蒴果卵圆形，被星状绒毛；种子长圆形，黑色。花期3—5月，果期5—10月。

　　南安市各乡镇极常见，多生于向阳的山坡地或林下灌丛中。叶色翠绿，花形独特，清新宜人，苗圃、花圃可适当培育，园林应用上有一定发展潜力。

红花檵木

【科属名】金缕梅科檵木属

【学　名】*Loropetalum chinense* var. *rubrum* Yieh

【别　名】红檵木

　　常见的园艺栽培变种，与原种檵木的主要区别是：叶紫红色；花红紫色。

　　南安市各地均有栽培。枝叶茂盛，株形优美，红花满树，是常用的园林观叶观花树种之一。适应性极强，耐半阴、耐干旱、耐贫瘠、耐修剪，可作绿篱、绿带、灌木球、花坛、盆景等，观赏效果极佳。耐严寒，山区乡镇高海拔村庄亦可种植。

蕈树科 Altingiaceae

枫香树

【科属名】蕈树科枫香树属

【学　名】*Liquidambar formosana* Hance

　　落叶乔木。单叶互生，薄革质，阔卵状三角形，掌状 3 裂，中央裂片较长，顶端尾状渐尖，边缘具腺锯齿。花单性，雌雄同株；雄花为短穗状花序，雄蕊多数；雌花为头状花序，有花多朵。果序圆球形；蒴果木质，有宿存花柱及针刺状萼齿。花期 3—4 月，果期 9—11 月。

　　优良乡土阔叶树种，已列入福建省第一批主要栽培珍贵树种名录。南安市各乡镇常见，野生或栽培，多生于山地阔叶林、低山次生林、村落附近。早期生长快，萌芽力强，特耐旱，可作水土保持、矿山修复、林分修复、迹地更新的造林树种；抗火性强，亦是营造生物防火林带的优良树种。寒冬时节，叶子变红，亮丽非凡，观赏性强，可作园景树。木材可作建筑、板材等用材。

细柄蕈树（ xì bǐng xùn shù ）

【科属名】蕈树科蕈树属

【学　名】*Altingia gracilipes* Hemsl.

【别　名】细柄阿丁枫、香兰

　　常绿乔木。单叶互生，革质，卵形或卵状披针形，先端尾状渐尖，边缘常全缘；叶柄长 2～3 厘米，纤细。花单性，雌雄同株；雄花花序圆球形，常多个再排成总状花序式；雌花头状花序，有花 5～6 朵。头状果序倒圆锥形。花期 3—4 月，果期 9—10 月。

　　南安市仅翔云镇可见，多生于村庄附近及疏林地中，分布范围很窄，已列入福建省第二批主要栽培珍贵树种名录。耐严寒，耐贫瘠，种源丰富，苗圃可发展培育，是山区乡镇理想的山地造林树种。木材可作枕木、桥梁等用材。

蔷薇科 Rosaceae

中华绣线菊

【科属名】蔷薇科绣线菊属

【学　名】*Spiraea chinensis* Maxim.

　　灌木。嫩枝密被黄色绒毛。单叶互生，厚纸质，菱状卵形至椭圆状卵形，边缘有缺刻状粗锯齿或具不明显的3～5浅裂，嫩叶两面密被黄色绒毛，成长叶表面的毛渐脱落，背面的毛不脱落。花两性；伞形花序有花多朵，具总花梗；花瓣近圆形，白色；雄蕊20～25枚。蓇葖果开张。花期4—6月，果期7—8月。

　　南安市仅见于翔云镇，生于疏林地灌木丛中。

桃

【科属名】蔷薇科李属

【学　名】*Prunus persica* L.

　　落叶乔木。腋芽并生，中间为叶芽，两侧为花芽。单叶互生，草质，长圆状披针形，边缘具细锯齿；叶柄顶端常具一至数枚腺体。花两性；花单生，粉红色，先于叶开放，花梗几乎无。核果卵球形，具纵沟。花期2—3月，果期5—6月。

　　我国是桃树的故乡，至今已有3000多年的栽培历史。上古神话中，夸父逐日，投杖于野，化为桃林，桃树被赋予了驱凶辟邪的吉祥寓意。经过长期的人工培育，栽培品种已十分丰富，一般分为两大类，一类是以生产果实为目的的食用桃，如：水蜜桃、蟠桃、油桃、黄肉桃、离核桃等，味美多汁，香甜可口；另一类是以园林观赏为目的的观赏桃，如碧桃、绯桃、绛桃、寿星桃等，如火如荼，赏心悦目。

碧桃

【科属名】蔷薇科李属

【学　名】*Prunus persica* 'Duplex'

　　常见的园艺栽培变种。花重瓣，深红色，先花后叶；果实小。"桃之夭夭，灼灼其华"，为优良的观花植物，园林应用十分广泛，可种植于公园、庭院、村庄、风景区、公路两侧、溪流岸边等绿地，形成独特的景观效果。耐严寒，山区乡镇高海拔村庄适宜种植。

李

【科属名】蔷薇科李属

【学　名】*Prunus salicina* Lindl.

　　落叶乔木。腋芽单生。单叶互生，纸质，倒卵状椭圆形至倒卵状披针形，边缘具锯齿，背面主脉和脉腋有柔毛。花两性；花常3朵并生，白色，花梗细长（长可达1.5厘米）。核果近球形，具纵沟，外被蜡粉。花期3—4月，果期6—7月。

　　原产于我国，至今已有3000多年的栽培历史，为重要的果树之一。南安市部分乡镇可见栽培，常建园种植。

福建山樱花

【科属名】蔷薇科李属

【学　名】*Prunus campanulata*（Maxim.）Yu et Li

【别　名】钟花樱（《中国植物志》）、钟花樱桃

　　落叶乔木，高可达10米。腋芽单生。单叶互生，纸质，椭圆形至倒卵状长圆形，边缘具锯齿；叶柄顶端具2枚腺体；托叶羽毛状。花两性；伞形花序，有花3～5朵；花萼筒状，紫红色，无毛；花瓣紫红色，顶端凹。核果卵球形，成熟时红色。花期2—3月，果期3—4月。

　　南安市部分乡镇可见栽培，多见于公园、校园、公路边、房前屋后等，已列入福建省第一批主要栽培珍贵树种名录。早春时节，满树红花，艳丽璀璨，为重要的春季观花树种。可片植形成美丽"花海"，丛植形成锦绣"花团"，孤植形成独特"花树"，富有诗情画意，令人赏心悦目。

东京樱花

【科属名】蔷薇科李属

【学　名】*Prunus yedoensis* Matsum.

【别　名】日本樱花（《拉汉种子植物名称》）

　　落叶乔木。嫩枝被疏柔毛。单叶互生，纸质，卵状椭圆形至倒卵形，边缘具尖锐重锯齿；叶柄被柔毛，顶端常有1～2个腺体（有的无腺体）；托叶披针形，具腺齿，早落。花序伞形总状，总花梗极短，有花3～4朵，先于叶开放；萼筒管状，密被短柔毛；花瓣白色，先端凹；雄蕊约32枚。核果近球形。花期3—4月，果期5月。

　　原产于日本。南安市蓬华镇等少数乡镇可见栽培。满树灿烂，洁白清雅，可作庭园树。当下，园艺品种很多，花色丰富，适宜成片种植，观赏效果极佳。较耐寒，山区乡镇高海拔村庄亦可种植。

日本晚樱

【科属名】蔷薇科李属
【学　名】*Prunus serrulata* var. *lannesiana*（Carri.）
　　　　　Makino

　　落叶乔木，高可达 10 米。小枝粗壮而开展，无毛，有唇形皮孔。单叶互生，纸质，卵状椭圆形或倒卵状椭圆形，边缘具单一锯齿（有时有重锯齿，齿端短刺芒状，具小腺体）；叶柄顶端具 2 枚腺体；托叶羽状条裂，具小腺体。伞形花序，有花常 2～5 朵，粉红或近白色；萼筒无毛，萼片水平张开。花期 4 月，通常不结果。

　　南安市蓬华镇、翔云镇等乡镇可见栽培，多见于庭院或公园。花开满树，花大艳丽，甚是壮观，为优良的观花树种，可作风景树或庭园树。

台湾牡丹樱

【科属名】蔷薇科李属
【学　名】*Prunus campanulata* 'Polypetalus'
【别　名】台湾八重樱

　　落叶乔木。嫩枝无毛。单叶互生，纸质，卵形、倒卵形或长椭圆状卵形，边缘具重锯齿；叶柄无毛，顶端常有 2 个腺体；托叶羽状条裂，裂片顶端具腺，早落。花序伞形总状，总花梗短，有花 2～4 朵，下垂，先花后叶；萼筒管状，红色，无毛；花瓣深红色，常不完全伸展（呈半开状），先端二浅裂。核果卵形。花期 2 月，果期 4 月。

　　原产于我国台湾。南安市英都镇、北山生态公园可见成片栽培。红花满树，花团锦簇，高贵典雅，比日本樱花更具观赏性，大片种植可以营造"花海"景观，极为壮丽。

腺叶桂樱

【科属名】蔷薇科李属

【学　名】*Laurocerasus phaeosticta*（Hance）Schneid.

【别　名】腺叶野樱（《福建植物志》）、腺叶稠李（《拉汉种子植物名称》）

　　常绿灌木或小乔木。单叶互生，近革质，狭椭圆形、长圆形或长圆状披针形，边缘全缘，背面散生黑色小腺点，基部近叶缘常有2枚较大扁平基腺，两面无毛。花两性；总状花序单生于叶腋；花瓣5片，近圆形，白色；雄蕊20～35枚。果实近球形，成熟时紫黑色。花期4—5月，果期7—10月。

　　南安市眉山乡等少数乡镇可见，生于山地阔叶林中。

金樱子

【科属名】蔷薇科蔷薇属

【学　名】*Rosa laevigata* Michx.

【别　名】山鸡头子（《本草纲目》）

　　常绿攀援灌木。小枝具皮刺。叶为羽状复叶，互生，小叶常3片（稀5片）；小叶厚纸质，椭圆状卵形至披针状卵形，边缘有锐锯齿，两面无毛。花两性；花单生于侧枝顶端，花梗、花托、花萼外面密生细针刺；花瓣5片，白色。瘦果椭圆形，密生刚毛状针刺，成熟时橙黄色，萼片宿存。花期3—5月，果期7—11月。

　　南安市各乡镇极常见，多生于疏林地、田边、林缘、路边、溪畔的灌木丛中。果实（成熟干燥后）中药名为"金樱子"，有强壮、收敛、镇咳的功效，民间常用来浸酒。

小果蔷薇

【科属名】蔷薇科蔷薇属

【学　名】*Rosa cymosa* Tratt.

【别　名】山木香(《中国树木分类学》)

　　常绿攀援灌木。小枝、叶轴、叶柄具皮刺。叶为羽状复叶，互生，小叶常5片（稀3片或7片）；小叶卵状披针形至椭圆形，顶端短尖至渐尖，边缘有细锯齿；托叶线状披针形，仅基部与叶柄贴生，早落。花两性；伞房花序顶生；萼片篦齿状条裂，无毛；花瓣5片，白色。瘦果球形，成熟时红色。花期4—5月，果期7—11月。

　　南安市各乡镇常见，多生于山坡、路旁、田边、沟渠边的灌木丛中。

软条七蔷薇

【科属名】蔷薇科蔷薇属

【学　名】*Rosa henryi* Bouleng.

　　蔓性灌木。小枝、叶柄、叶轴疏生皮刺。叶为奇数羽状复叶，互生，小叶常5片；小叶椭圆状卵形，顶端长渐尖，边缘具锐锯齿，成长叶两面无毛；托叶大部分贴生于叶柄，全缘。花两性；伞房花序顶生，有花多朵，花白色或红白色；花柱合生，被柔毛。瘦果近球形，成熟时红色，萼片脱落。花期4—5月，果期10月。

　　南安市部分乡镇可见，多生于林缘、水渠边或山地灌丛中。

月季

【科属名】蔷薇科蔷薇属
【学　名】*Rosa chinensis* Jacq.
【别　名】月季花

　　常绿灌木。茎枝、叶轴、叶柄具皮刺。叶为羽状复叶，互生，小叶常3片或5片（稀7片）；小叶宽卵形至卵状披针形，边缘有锐锯齿，两面无毛；托叶大部分贴生于叶柄。花两性；花单朵或数朵顶生，单瓣或重瓣，红色、粉红色至白色；萼片常羽状裂；花柱离生，伸出花托外。瘦果梨形，成熟时红色。花期几乎全年。

　　原产于我国，为我国十大名花之一，被誉为"花中皇后"。南安市各地均有栽培。花形华丽，色彩丰富，香味迷人，观赏价值高，是人们十分钟爱的观赏花卉，也是不可或缺的园艺树种。耐寒、耐旱，适应性强，可种植于庭院、公园、校园、风景区、住房小区、厂区、溪岸边、公路边等绿地，亦可作鲜切花和盆栽。

　　经过长期的杂交选育，品种繁多，全世界有近万种，我国也有上千种。古老月季品种有"月月粉""月月红"等；现代月季品系品种有"杂种小花月季""杂种香水月季""变色月季"等。（引自电视纪录片《花开中国》）

　　月季花，是幸福、美好、和平、友谊的象征，我国北京市、天津市等多个城市将其选定为市花，卢森堡、伊拉克等国将其选定为国花。

蓬蘽（péng lěi）

【科属名】蔷薇科悬钩子属
【学　名】*Rubus hirsutus* Thunb.
【别　名】泼盘（《植物名实图考》）

　　灌木。嫩枝、叶柄、叶轴被柔毛和头状腺毛，且具皮刺。叶为一回奇数羽状复叶，互生，小叶常3片（稀5片）；小叶椭圆形至卵形，边缘具重锯齿，嫩叶两面被柔毛，背面散生细小腺点。花两性；单朵顶生；花瓣5片，白色；雄蕊多数。聚合果近球形，成熟时红色。花期2—4月，果期4—6月。

　　南安市各乡镇常见，多生于疏林地、山地路旁的灌丛中。全株入药，有消炎解毒、清热镇惊、活血及祛风湿的功效。

空心泡

【科属名】蔷薇科悬钩子属
【学　名】*Rubus rosifolius* Smith

　　灌木。枝条无毛，散生皮刺；枝条、叶片可见细小腺点。叶为一回奇数羽状复叶，小叶常5片或7片；小叶对生，厚纸质，卵状披针形至长圆状披针形，边缘具重锯齿；托叶线状披针形。花两性；常单朵顶生；萼片披针形；花瓣椭圆形，5片，白色；雄蕊多数。聚合果长圆形，成熟时橙红色。花期2月，果期4—5月。

　　南安市部分乡镇可见，多生于林缘、山地路边、疏林地的灌木丛中。果味甜可食。

茅莓

【科属名】蔷薇科悬钩子属
【学　名】*Rubus parvifolius* L.
【别　名】红梅消(《植物名实图考》)、
　　　　　藕田藨(biāo)(《本草纲目》)

　　常绿直立或攀援灌木。嫩枝被柔毛和疏生皮刺。叶为一回奇数羽状复叶，互生，小叶常3片(稀5片)；小叶菱状圆形至宽卵形，顶端圆钝，背面密被灰白色绒毛，边缘浅裂或具锯齿。花两性；伞房花序顶生，有花多朵，花紫红色。聚合果球形，成熟时红色。花期春季和夏季，果期夏季和秋季。

　　南安市各乡镇常见，多生于向阳山谷、路边、旷野、农村闲杂地。果实酸甜多汁，可食用。

山莓

【科属名】蔷薇科悬钩子属
【学　名】*Rubus corchorifolius* L. f.

　　直立灌木。嫩枝被柔毛，枝条无毛，具皮刺。叶为单叶，互生，卵形至卵状椭圆形，不分裂或偶有3浅裂，边缘具锯齿；托叶线形，基部与叶柄贴生。花两性；单朵顶生或与叶对生；花瓣5片，白色；雄蕊多数。聚合果卵球形或近球形，成熟时红色。花期2—3月，果期4—5月。

　　南安市各乡镇常见，多生于向阳山坡、水渠边、山地路边、荒野的灌丛中。果实味道甜美，可食用。

闽粤悬钩子

【科属名】蔷薇科悬钩子属
【学　名】*Rubus dunnii* Metc.

　　攀援灌木。嫩枝、花序、萼片被柔毛和头状腺毛；枝条疏小皮刺。叶为单叶，互生，革质，卵形至卵状椭圆形，基部心形，边缘具齿牙状锯齿，背面密被土黄色至黄棕色毡绒毛，成长叶毛渐脱落；托叶条形，着生于叶柄基部两侧，早落。花两性；总状花序顶生，有花数朵；萼片三角状；花瓣白色。聚合果圆球形，成熟时黑紫色。花期3—4月，果期4—6月。

　　南安市翔云镇等少数乡镇可见，多生于林缘、山地路边、疏林地的灌木丛中。

东南悬钩子

【科属名】蔷薇科悬钩子属

【学　名】*Rubus tsangiorum* Handel-Mazzetti

　　木质藤本。嫩枝、叶、叶柄、托叶、花序、苞片被柔毛和头状腺毛；枝条和叶柄疏生皮刺。叶为单叶，互生，厚纸质，近圆形，3～5浅裂，基部心形，边缘具细尖齿；托叶掌状深裂，着生在叶柄基部两侧。花两性；总状花序少花（常有花3～5朵），腋生或顶生；花瓣5片，白色；雄蕊多数。聚合果近圆形，红色，无毛。花期5—7月，果期8—9月，边开花边结果。

　　南安市部分乡镇可见，多生于林缘、林下的灌木丛中。

高粱泡

【科属名】蔷薇科悬钩子属

【学　名】*Rubus lambertianus* Ser.

　　蔓性灌木。枝条无毛，散生皮刺。叶为单叶，互生，卵形至椭圆状卵形，3～5浅裂或呈波状，边缘具锯齿（齿端有芒尖），背面被柔毛（脉上的毛较密），两面近同色；叶柄长可达4厘米；托叶离生，线状深裂。花两性；圆锥花序顶生或腋生，多花（常20朵以上）；花瓣白色，与萼片近等长。聚合果近球形，成熟时红色。花期8—10月，果期10—12月。

　　南安市部分乡镇可见，多生于山地路边、林缘、阴湿的灌木丛中。果成熟后可食用。

锈毛莓

【科属名】蔷薇科悬钩子属

【学　名】*Rubus reflexus* Ker

攀援灌木。枝条、叶背、叶柄和花序密被锈色绒毛；枝条散生细小皮刺。叶为单叶，互生，革质，常 3～5 浅裂，顶生裂片较长较大，边缘具锯齿；托叶卵圆形，边缘细条状裂，着生于叶柄基部两侧。花两性；总状花序腋生，有花 3～5 朵，总花梗极短；花瓣白色。聚合果球形，成熟时深红色。花期 5—6 月，果期 8—9 月。

南安市部分乡镇可见，多生于林缘、山坡的灌丛中。果味酸甜，可食用。根入药，有祛风湿，强筋骨的功效。

火棘（huǒ jí）

【科属名】蔷薇科火棘属

【学　名】*Pyracantha fortuneana*（Maxim.）Li

常绿灌木。嫩枝、嫩叶密被锈色短伏毛；侧枝短，先端成刺状。单叶互生，厚纸质，倒卵形至倒卵状长圆形，先端圆钝或微凹，边缘有钝锯齿，近基部全缘，两面无毛。花两性；花集成复伞房花序；花瓣 5 片，白色；雄蕊 20 枚。梨果近球形，成熟时红色。花期 4—5 月，果期 10—12 月。

南安市少数乡镇可见栽培，多见于公园或住房小区。四季常绿，红果累累，如火如荼，是优良的观果树种。耐修剪，耐蟠扎，常作绿篱或盆栽；耐贫瘠，耐干旱，生命力强，立地条件差的景区或矿山修复地等可引种；耐严寒，山区乡镇高海拔村庄亦可种植。果可食。

桃叶石楠

【科属名】蔷薇科石楠属

【学　名】*Photinia prunifolia*（Hook. et Arn.）Lindl.

　　常绿乔木。单叶互生，革质，长圆形或长圆状披针形，边缘密生细腺锯齿，背面具多数腺点，两面无毛；叶柄具带腺锯齿，长可达 4 厘米。花两性；复伞房花序顶生，花多数；萼筒杯状；花瓣 5 片，白色；雄蕊 20 枚。梨果椭圆形，成熟时红色。花期 3 月，果期 10—11 月。

　　南安市部分乡镇可见，多生于疏林地、林缘、沟谷边坡。

贵州石楠

【科属名】蔷薇科石楠属

【学　名】*Photinia bodinieri* Lévl.

【别　名】椤木石楠（《福建植物志》）

　　常绿乔木。嫩枝被土黄色贴伏毛，枝条无毛。单叶互生，革质，倒卵状椭圆形至倒狭长圆形，边缘有细腺锯齿或近全缘，嫩叶有棉状柔毛。花两性；复伞房花序顶生，多花，花梗和总花梗被贴伏毛；花瓣 5 片，白色；雄蕊 20 枚。果实近球形，果梗无疣点。花期 4 月，果期 7—8 月。

　　南安市东田镇等少数乡镇可见，生于林缘或山地林中。

红叶石楠

【科属名】蔷薇科石楠属
【学　名】*Photinia × fraseri*

　　常绿灌木或小乔木，高可达 6 米。单叶互生，革质，长椭圆形、倒卵形或倒卵状披针形，边缘具带腺细锯齿，两面无毛。花两性；复伞房花序顶生，花多而密集；花瓣 5 片，白色；雄蕊 20 枚。花期 2—4 月，未见结果。

　　园艺杂交品种，南安市各乡镇可见栽培。树形优美，枝叶繁茂，新叶红艳，是优良的园林观叶树种。生长迅速，萌芽力强，耐修剪，红叶石楠球、多干红叶石楠等在园林应用上十分广泛，可作行道树、观赏树；小苗可修剪作绿篱。耐严寒，山区乡镇高海拔村庄可种植。

　　因新梢和嫩叶呈鲜红色，故得名"红叶石楠"。

小叶石楠

【科属名】蔷薇科石楠属
【学　名】*Photinia parvifolia*（Pritz.）Schneid.

　　落叶灌木。嫩枝具柔毛，老枝无毛。单叶互生，纸质，椭圆形、卵形至卵圆形，边缘具细腺锯齿，侧脉 4~6 对；叶柄极短（长不超过 2 毫米）。花两性；伞形花序顶生，有花 2~9 朵，无总花梗；花瓣 5 片，白色。梨果椭圆形，成熟时橘红色，果梗密生疣点，宿萼稍内倾。花期 4—5 月。

　　南安市向阳乡等少数乡镇可见，多生于疏林地、林缘的灌木丛中。

枇杷

【科属名】蔷薇科枇杷属

【学　名】*Eriobotrya japonica* (Thunb.) Lindl.

　　常绿小乔木。小枝、叶背密生绒毛。单叶互生，革质，披针形至倒卵状披针形，边缘上部具疏锯（基部全缘）。花两性；圆锥花序顶生，多花，密被锈色绒毛；萼筒杯状；花瓣 5 片，白色；雄蕊 20 枚。梨果球形或长圆形，成熟时黄色。花期 10—12 月，果期 4—5 月。

　　原产于我国，是南方地区的重要水果。南安市各乡镇可见栽培，多见于村庄闲杂地、路边或丘陵山地。果实甜酸，可鲜食或制成罐头。叶晒干入药，有化痰止咳、和胃降气的功效。木材可作农具柄。

石斑木

【科属名】蔷薇科石斑木属

【学　名】*Rhaphiolepis indica* (L.) Lindl.

【别　名】车轮梅（《植物学大辞典》）、雷公树

　　常绿灌木。嫩枝、嫩叶被柔毛。叶为单叶，集生于枝顶，薄革质，卵形、倒卵形或长圆形，边缘具锯齿，网脉在叶面上平或微凸（稀在上面不明显或微凹）。花两性；圆锥花序顶生，密被绒毛；花瓣 5 片，白色至淡红色；雄蕊 15 枚。梨果球形，成熟时紫黑色。花期 3—4 月，果期 10—11 月。

　　南安市各乡镇常见，多生于山坡、林缘、山地路边的灌木丛中。木材带红色，可作器物。

沙梨

【科属名】蔷薇科梨属

【学　名】*Pyrus pyrifolia*（Burm. f.）Nakai

　　落叶乔木。单叶互生，纸质，卵状椭圆形或卵形，边缘具刺芒状锯齿（齿端微向内合拢）。花两性；伞形总状花序，有花6~9朵；苞片线形；萼片三角状卵形；花瓣卵形，白色；雄蕊20枚；花柱常5枚。梨果近球形，萼片脱落。花期3月，果期8—9月。

　　南安市部分乡镇可见栽培，多见于农村闲杂地或房前屋后。春季满树洁白，夏秋硕果累累，是很好的田园观赏树种，也是重要的果树之一。果可食用，有消暑、止咳的功效。

豆梨

【科属名】蔷薇科梨属

【学　名】*Pyrus calleryana* Dcne.

　　落叶小乔木。单叶互生，薄革质，宽卵形至卵状椭圆形，边缘具钝锯齿或圆齿。花两性；伞形总状花序，有花6~12朵；花瓣5片，白色；花柱常2枚（稀3枚）。梨果球形，成熟时黑褐色，萼片脱落。花期3月，果期6—7月。

　　南安市各乡镇可见，多生于疏林地或杂木林中。

豆科 Fabaceae

亮叶猴耳环

【科属名】豆科猴耳环属

【学　名】*Archidendron lucidum*（Benth）
I. C. Nielsen

　　小乔木。嫩枝、叶柄和花序均被短茸毛。叶为二回羽状复叶，羽片1～2对，上部羽片具小叶4～5对，下部羽片具小叶2～3对；小叶互生，近革质，斜卵形或长椭圆形；叶柄、每对羽片下、小叶片下的叶轴具腺体。花两性；头状花序球形，再排成腋生或顶生的圆锥花序，花多朵，白色。荚果黄褐色，卷成环状。花期4—6月，果期7—12月。

　　南安市部分乡镇可见，多生于林中、疏林地或林缘。

猴耳环

【科属名】豆科猴耳环属

【学　名】*Archidendron clypearia*（Jack）I. C. Nielsen

　　小乔木。小枝、叶、总叶柄、花序被柔毛；小枝、总叶柄具棱。叶为二回羽状复叶，互生，羽片常4～5对，最下部的羽片有小叶3～6对，最顶部的羽片有小叶常10～16对；小叶对生，革质，斜菱形，基部斜截形。花两性；头状花序有花数朵，再排成顶生或腋生的圆锥花序；花冠5裂，黄绿色；雄蕊多数。荚果旋卷呈环状。花期2—6月，果期4—8月。

　　南安市英都镇等少数乡镇可见，多生于林中或疏林地。

南洋楹

【科属名】豆科南洋楹属

【学　名】*Falcataria falcata*（L.）Greuter & R. Rankin

　　常绿大乔木，高可达45米。叶为二回羽状复叶，互生，羽片6～20对，小叶常15～21对；小叶菱状长圆形，两面被柔毛；总叶柄基部、叶轴中部以上、羽片着生处有腺体。花两性；穗状花序腋生，或数个穗状花序再组成圆锥花序，花白色或淡黄色；雄蕊多数。荚果带状，扁平。花期4—7月。

　　原产于印度尼西亚。南安市部分乡镇可见栽培。树干通直，树冠庞大，生长迅速，可作园景树、"四旁"树，亦可种植于公路、铁路两侧立地条件差的疏林地或荒地，修复效果明显。抗风力弱，水头镇、石井镇沿海村庄和较大的风口处不宜种植。寿命短（树龄30年左右），慎选作行道树。

阔荚合欢

【科属名】豆科合欢属

【学　名】*Albizia lebbeck*（L.）Benth.

【别　名】大叶合欢（《中国树木分类学》）

　　落叶乔木。叶为二回羽状复叶，互生，羽片2～4对，小叶常4～8对（最多可达10对）；小叶斜长圆形，先端圆或微凹，叶片稍呈波状，两面近无毛；总叶柄、叶轴、小叶之间偶有无毛腺体。花两性；头状花序，花淡黄绿色，芳香；花冠淡黄绿色，钟形；雄蕊多数，绿白色。荚果带状，扁平，成熟时秆黄色。花期6—8月，果期9月至翌年5月。

　　原产于喜马拉雅山地区。南安市部分乡镇可见栽培，或已逸为野生，多生于林缘、路边、村庄闲杂地、小溪边。木材可作家具、建筑等用材。

台湾相思

【科属名】豆科相思树属

【学　名】*Acacia confusa* Merr.

【别　名】相思树（《福建植物志》）

常绿乔木，高可达 15 米。叶苗期为羽状复叶，后叶柄变为叶片状，互生，革质，披针形，直或呈镰刀状，两面无毛。花两性；头状花序球形，腋生，花金黄色。荚果带状，扁平，干时灰褐色。花期 4—6 月，果期 8—12 月。

优良的乡土阔叶树种，南安市各地极常见。对土壤要求不高，耐干旱贫瘠，具根瘤菌，固氮能力强，是荒山造林、水土保持林的先锋树种；根系发达，抗风力强，耐盐碱，也是重要的沿海防护林树种。材质坚硬有弹性，可作农具、桨橹、坑木等用材。

大叶相思

【科属名】豆科相思树属

【学　名】*Acacia auriculiformis* A. Cunn. ex Benth

【别　名】耳叶相思

常绿乔木。树皮平滑，枝叶无毛。叶状柄镰状长圆形，厚纸质，显著的主脉常 3～5 条，近基部和顶端有腺体。花两性；穗状花序 1 至数个簇生于叶腋或枝顶，长可达 8 厘米，花橙黄色；雄蕊多数，花丝细长。荚果成熟时旋卷。花期 1—2 月，果期 4—5 月。

原产于澳大利亚及新西兰。南安市部分乡镇常见，已逸为野生，多生长于低山丘陵。生长迅速，繁殖力极强，强耐干旱贫瘠土壤，是优良的矿山修复和水土保持树种。木材是良好的薪炭材，亦可作家具、农具等用材。

卷荚相思

【科属名】豆科相思树属

【学　名】*Acacia cincinnata* F. Muell.

常绿乔木。叶柄退化成叶片状，长椭圆状披针形，两端收狭呈镰刀状，基部分出 3 条明显纵脉，两面紧被银白色短绒毛；基部具 1 枚细小腺体。花两性；穗状花序腋生，花淡黄白色。荚果成熟后螺旋状卷曲。

原产于澳大利亚，已列入福建省第二批主要栽培珍贵树种名录。南安市东田镇、洪濑镇等少数乡镇可见成片栽培，适合于土层深厚排水良好的立地条件下种植。木材致密坚硬，纹理美观，是上等的家具用材。

黑木相思

【科属名】豆科相思树属

【学　名】*Acacia melanoxylon* R.Br.

常绿乔木，树高可达 25 米。树皮坚硬、粗糙，纵状开裂；小枝具明显棱角，嫩枝具柔毛。叶苗期为羽状复叶，并持续到第 20 个节间；叶状柄互生，厚纸质，长卵形或披针形，有时呈镰刀状，嫩叶两面具柔毛。花两性；总状花序，腋生，花白色至浅黄色。荚果扁平，成熟时棕色，呈卷曲状。

原产于澳大利亚，已列入福建省第三批主要栽培珍贵树种名录，南安市罗山国有林场、乐峰镇等少数地方可见栽培，多生于山地林中。木纹美丽，常用于高档家具和贴面板材上，具有较高的加工价值；木材的声学性能优异，可作优质的小提琴背板。

马占相思

【科属名】豆科相思树属

【学　名】*Acacia mangium* Willd.

常绿大乔木。小枝具棱。叶柄退化成叶片状，纺锤形，较大（长可达 25 厘米，宽可达 11 厘米），基部分出纵脉常 4 条。花两性；穗状花序腋生，花淡黄白色。荚果成熟后螺旋状卷曲。花期 10—11 月，果期翌年 6—8 月。

原产于澳大利亚。南安市部分乡镇可见栽培。生长迅速，适应性强，可作荒山荒地、水土保持、薪炭林的造林树种。树干通直，树形优美，树叶翠绿，亦可作公路、公园的绿化树种。不耐寒（极端低温最好在 0℃ 以上），山区乡镇高海拔山地不宜种植。

藤金合欢

【科属名】豆科相思树属

【学　名】*Acacia sinuata*（Lour.）Merr.

常绿攀援藤本。嫩枝、叶轴、羽轴、叶两面被短柔毛；枝、叶轴、花序轴具散生皮刺。叶为二回羽状复叶，互生，羽片常 6~10 对；小叶对生，厚纸质，线状长圆形，常 15~25 对。花两性；数个头状花序再排成圆锥花序，腋生或顶生，花白色。荚果带状，扁平。花期 7—8 月，果期 10—12 月。

南安市部分乡镇可见，多生于山地路边、林缘、水沟边或荒野。

银叶金合欢

【科属名】豆科相思树属
【学　名】*Acacia podalyriifolia* G. Don
【别　名】珍珠金合欢、珍珠相思

　　常绿灌木。植株密被银白色绒毛。幼苗时叶为羽状复叶；成长后，叶柄退化成叶片状，宽卵形或椭圆形，银白色或灰绿色，基部圆形，顶端有小尖头。花两性；数个头状花序再组成总状花序，腋生，花黄色，有香味。荚果初时扁条形，成熟后膨胀开裂。花期2—3月，果期5月。

　　原产于澳大利亚。南安市部分乡镇可见栽培。开花时灿若黄金挂满枝头，芬芳宜人，可种植于公园、庭院供观赏，或种植于道路两侧形成美丽的景观带。

银合欢

【科属名】豆科银合欢属
【学　名】*Leucaena leucocephala*（Lam.）de Wit

　　常绿灌木或小乔木。叶为二回羽状复叶，互生，羽片4~9对，最下面和最顶部的一对羽片之间着生1枚大腺体，小叶常8~16对；小叶线状长圆形，边缘被短柔毛，两侧不等宽，昼开夜合。花两性；头状花序1~2个腋生，花白色。荚果带状，扁平，成熟时灰褐色。花期4—6月，果期8—10月。

　　南安市各地极常见，多生于海拔500米以下的低山丘陵、荒野、路边、农村"四旁"地、水沟边。对土壤要求不高，耐干旱贫瘠，耐盐碱，生长迅速，抗风力强，繁殖力强，可作荒山荒地、水土保持、沿海防护林的造林树种。木材可供家具、建筑、造纸等用材，也是良好的薪炭材；段木和木屑可培育香菇、木耳等食用菌。

朱缨花

【科属名】豆科朱缨花属
【学 名】*Calliandra haematocephala* Hassk.
【别 名】红绒球、美蕊花

常绿灌木或小乔木。叶为二回羽状复叶，互生，仅1对羽片，小叶7～9对；小叶纸质，斜披针形，中上部的较大，昼开夜合。花两性；头状花序腋生，花深红色。荚果线状倒披针形。花期11月至翌年4月，结果少。

原产于南美洲。南安市部分乡镇可见栽培。花色鲜红，热情似火，毛绒可爱，为深受人们喜爱的观花树种，常种植于庭院、公园、住房小区、公路两侧、护坡等绿地，亦可修剪成绿篱或球体。不耐寒，山区乡镇高海拔村庄不宜种植。

红花羊蹄甲

【科属名】豆科羊蹄甲属
【学 名】*Bauhinia* × *blakeana* Dunn
【别 名】洋紫荆、紫荆花

常绿乔木，高可达10米。叶为单叶，薄革质，近圆形或广心形，长9～13厘米，宽9～14厘米，顶端2裂，深度为叶全长的1/4～1/3，先端钝圆，基出脉11～13条。总状花序顶生或腋生，有时复合成圆锥花序；花萼佛焰苞状；花瓣5片，红紫色，具短柄；能育雄蕊5枚（3枚长2枚短）。花期几乎全年，通常不结果。

原产于我国香港。南安市各乡镇常见栽培。花大色艳，花开满树，生长迅速，耐干旱贫瘠，常用的园林绿化树种，可作行道树、庭园树、观赏树。抗风力弱，水头镇、石井镇沿海村庄和较大的风口处不宜种植。

香港人称本种为"紫荆花"。紫荆花是香港市花，也是香港区徽、区旗、硬币的图案。

羊蹄甲

【科属名】豆科羊蹄甲属

【学　名】*Bauhinia purpurea* L.

【别　名】紫花羊蹄甲、
玲甲花(《植物名实图考》)

　　常绿乔木，高可达 10 米。单叶互生，近革质，近圆形，顶端 2 裂，深度为叶全长的 1/3～1/2，基出脉 9～11 条。花大，淡红色，排成短总状花序；花萼佛焰苞状；花瓣 5 片，较狭窄，具长瓣柄；能育雄蕊 3 枚。荚果带状，扁平。花期 9—12 月，果期翌年 2—4 月。

　　南安市各乡镇可见栽培。园林用途同红花羊蹄甲。

　　本种与红花羊蹄甲、宫粉羊蹄甲的主要区别是：本种花瓣较狭窄，具长柄，能育雄蕊 3 枚；红花羊蹄甲和宫粉羊蹄甲花瓣较阔，具短柄，能育雄蕊 5 枚。

宫粉羊蹄甲

【科属名】豆科羊蹄甲属

【学　名】*Bauhinia variegata* L.

【别　名】宫粉紫荆

　　半落叶乔木（有时整株换叶），高可达 10 米。叶互生，近革质，广卵形至近圆形，长 5～9 厘米，宽 7～11 厘米，顶端 2 裂，深度为叶全长的 1/4～1/3，基出脉 9～15 条。花大，排成伞房状总状花序；花萼佛焰苞状；花瓣紫红色或粉红色，具短柄；能育雄蕊 5 枚。荚果带状，扁平。花期 3—4 月，果期 5—6 月。

　　南安市各乡镇常见栽培，多见于公路绿化带。树冠散圆，繁花似锦，略带芳香，生长迅速，适应性强，是常用的园林绿化树种，可作庭园树、行道树、观赏树。抗风力弱，水头镇、石井镇沿海村庄和较大的风口处不宜种植。木材坚硬，可作工艺品等用材。

白花宫粉羊蹄甲

【科属名】豆科羊蹄甲属
【学　名】*Bauhinia variegata* var. *candida*（Roxb.）Voigt
【别　名】白花宫粉紫荆

　　常见的栽培变种，与原种宫粉羊蹄甲的主要区别是：花白色。园林用途同宫粉羊蹄甲。

龙须藤

【科属名】豆科火索藤属
【学　名】*Bauhinia championii* Benth.
【别　名】田螺虎树（《植物名实图考》）

　　常绿木质大藤本。卷须单生或对生。单叶互生，厚纸质，卵形或心形，顶端锐渐尖或微凹；萌芽枝的叶，顶端常2裂，深度不超过叶长的1/3；基出脉5～7条；叶柄纤细。总状花序腋生或顶生，狭长；花萼钟状，裂片5裂；花瓣5片，白色。荚果带状，扁平。花果期6—12月。

　　南安市部分乡镇可见，多生于疏林地的灌丛中、石缝及崖壁上。喜光，适应性强，耐干旱贫瘠，可用于棚架、绿廊、陡坡、岩壁等攀缘绿化，亦可用于矿山修复、公路护坡绿化。根和老藤供药用，有活血散瘀、镇静止痛的功效。

粉叶首冠藤

【科属名】豆科首冠藤属

【学　名】*Cheniella glauca*（Benth.）R.
　　　　　Clark & Mackinder

【别　名】粉叶羊蹄甲（《福建植物志》）

　　木质藤本。枝具棱；卷须成对或单生。单叶互生，纸质，近圆形，顶端2深裂，深度为叶长的1/3~1/2，表面无毛，背面被锈色短柔毛，基出脉常7~9条，中脉延伸成芒尖。花两性；伞房状花序顶生，花梗纤细；花萼管状，绿色；花瓣5片，白色，有粉红色脉纹；能育雄蕊3枚，不育雄蕊5~7枚。荚果带状长圆形，扁平。花期4—5月；果期7—8月。

　　南安市部分乡镇可见，多生于林缘、疏林地中。

腊肠树

【科属名】豆科腊肠树属

【学　名】*Cassia fistula* L.

　　落叶乔木，高可达15米。叶为一回偶数羽状复叶，叶轴和叶柄上无腺体，小叶4~8对；小叶对生或近对生，厚纸质，阔卵形至长椭圆形，先端渐尖，边缘全缘。花两性；总状花序，花黄色；雄蕊10枚，其中3枚不育。荚果长圆柱形。花期5—8月，果期12月至翌年4月。

　　原产于印度。南安市部分乡镇可见栽培。初夏开花，满树金黄，是很好的庭园观赏树，可种植于公园、住房小区、厂区等绿地。

　　腊肠树花是泰国的国花。

铁刀木

【科属名】豆科决明属

【学　名】*Senna siamea*（Lamarck）H. S. Irwin & Barneby

【别　名】黑心树

　　小乔木，高可达10米。叶为一回偶数羽状复叶，互生，叶轴和叶柄上无腺体，被柔毛，小叶常6～8对；小叶革质，椭圆形或长椭圆形，先端微凹，有短尖头。伞房花序腋生和圆锥花序顶生；花瓣5片，黄色；雄蕊10枚，其中3枚不育。荚果带状，扁平。花期10—11月，果成熟期翌年春季。

　　原产于印度，已列入福建省第二批主要栽培珍贵树种名录。南安市部分乡镇可见栽培。四季常绿，花黄艳丽，耐干旱贫瘠，可作行道树、庭园树。不耐寒，山区乡镇不宜种植。木材坚硬致密，刀枪难入，故得名"铁刀木"，为上等家具用材。

黄槐

【科属名】豆科决明属

【学　名】*Senna surattensis*（N. L. Burman）H. S. Irwin & Barneby

【别　名】黄槐决明（《中国植物志》）、黄花槐

　　常绿小乔木。叶为一回偶数羽状复叶，互生，叶轴上最下2对或3对小叶之间具腺体2枚或3枚，有小叶6～9对；小叶卵形至长椭圆形，先端圆。花两性；伞房状总状花序腋生；花瓣5片，黄色；雄蕊10枚，全部能育。荚果带状，扁平。花果期几乎全年。

　　原产于印度、斯里兰卡等地。南安市部分乡镇可见栽培。树形优美，繁花似锦，金黄灿烂，园林绿化上广泛应用，可作行道树、园景树。

双荚决明

【科属名】豆科决明属

【学　名】*Senna bicapsularis*（L.）Roxb.

【别　名】双荚槐

　　常绿灌木。叶为一回偶数羽状复叶，互生，叶轴上仅在最下方的一对小叶之间有1枚腺体，有小叶3～5对；小叶对生，纸质，宽卵形至长椭圆形，先端圆。花两性；总状花序；花瓣5片，黄色；雄蕊10枚，其中3枚不育。荚果条形，圆柱状。花期10—11月，边开花边结果。

　　原产于美洲热带地区。南安市部分乡镇可见栽培。作绿篱，或种植于公路边、池塘边、广场等绿地供观赏。

翅荚决明

【科属名】豆科决明属

【学　名】*Cassia alata* Linn.

【别　名】有翅决明（《中国主要植物图说》）

　　直立灌木。叶为一回偶数羽状复叶，互生，长可达60厘米，叶轴上有狭翅，有小叶6～12对；小叶薄革质，倒卵状长圆形或长圆形，顶端圆钝且有小尖头；小叶柄极短或无。花两性；总状花序顶生或腋生，具长梗，花黄色；雄蕊10枚，其中3枚不育。荚果长带状，成熟时黑褐色。花果期几乎全年。

　　原产于美洲热带地区。南安市武荣公园等少数地方有栽培，或已逸为野生。花形奇特，花期很长，为优良的观花树种，可种植于风景区、住房小区等绿地。

望江南

【科属名】豆科决明属

【学　名】*Senna occidentalis*（L.）
　　　　　Link

【别　名】羊角豆、野扁豆

　　亚灌木。叶为一回偶数羽状复叶，互生，叶柄基部有1枚褐色大腺体，有小叶3～5对；小叶纸质，卵形至卵状披针形，顶端渐尖，有细缘毛。花两性；伞房状总状花序腋生或顶生；花瓣5片，黄色，具短瓣柄；雄蕊10枚，其中3枚不育。荚果条形，略圆柱状。

　　南安市各地常见，多生于荒野、村庄闲杂地、路边的灌丛中。

云实

【科属名】豆科云实属

【学　名】*Caesalpinia decapetala*
　　　　　（Roxb.）Alston

　　灌木。茎、枝具钩刺。叶为二回羽状复叶，互生，羽片3～6对，有小叶6～8对；小叶纸质，长椭圆形，先端圆或微缺。花两性；总状花序顶生，直立；花黄色，多数；雄蕊10枚。荚果舌形，长椭圆状。花期2—3月，果期5—8月。

　　南安市部分乡镇可见，多生于路边、旷野、山坡的灌丛中。根、茎和果实入药，有发表散寒、活血通经、解毒杀虫的功效，可治筋骨疼痛和跌打损伤。

凤凰木

【科属名】豆科凤凰木属

【学　名】*Delonix regia*（Boj.）Raf.

【别　名】红花楹

　　半落叶乔木，高可达20米。叶为二回偶数羽状复叶，羽片常15～20对，小叶常15～26对；小叶密集对生，长椭圆形，先端近于圆。花两性；伞房状总状花序顶生或腋生，花大，鲜红色；萼片5片；花瓣5片；雄蕊10枚。荚果长条形，扁平而厚，成熟时黑褐色。花期5—7月，果期8—10月。

　　原产于非洲。南安市各乡镇常见栽培。树冠如盖，花红如火，富丽堂皇，可作行道树、庭园树、观赏树。不耐寒，山区乡镇高海拔村庄不宜种植。木材轻软，可作小型家具、工艺品等用材。

　　"叶如飞凰之羽，花若丹凤之冠"，故得名"凤凰木"。凤凰木是厦门市市树。

任豆

【科属名】豆科任豆属

【学　名】*Zenia insignis* Chun

【别　名】翅荚木

　　落叶大乔木，高可达30米。叶为一回奇数羽状复叶，互生，长可达45厘米，小叶常10～15对；小叶近对生或对生，厚纸质，长圆状披针形，背面被伏毛。花两性；圆锥花序顶生，花淡红色；总花梗和花梗被糙伏毛；萼片外面黑紫色。荚果长圆形，具翅，成熟时灰褐色。花期5—6月，果期7—8月。

　　原产于广东、广西、云南等地。南安市五台山国有林场等地有零星栽培，较少见。生长迅速、萌芽力强、适应性强，耐干旱贫瘠，是很好的水土保持、矿山修复、荒山荒地造林树种。木材可作建筑、家具、造纸等用材；燃烧性能好，也是很好的薪炭材；段木和木屑可培育香菇、银耳等食用菌。

花榈木（huā lú mù）

【科属名】豆科红豆属

【学　名】*Ormosia henryi* Prain

【别　名】花梨木

　　常绿小乔木。小枝、叶背、叶轴、花序密被绒毛。叶为一回奇数羽状复叶，互生，小叶常 3～4 对；小叶革质，长圆状披针形或长圆状椭圆形。花两性；圆锥花序顶生或总状花序腋生，花黄白色或淡绿色。荚果扁平；种子种皮鲜红色。花期 7—8 月，果期 10—11 月。

　　花榈木已列入福建省第一批主要栽培珍贵树种名录。南安市部分乡镇可见，多生于林内、疏林地、林缘、村旁等。木材坚硬致密，花纹美丽，可作轴承、细木家具等用材。

红豆树

【科属名】豆科红豆属

【学　名】*Ormosia hosiei* Hemsl. et Wils.

【别　名】鄂西红豆、江阴红豆（《中国树木分类学》）

　　大乔木，高可达 30 米。叶为一回奇数羽状复叶，互生，小叶常 2～3 对；小叶薄革质，卵形或卵状椭圆形，两面无毛。圆锥花序顶生或腋生，花白色或淡紫色，微芳香。荚果木质，近圆形，扁平，有种子 1～2 粒；种子种皮鲜红色。花期 4—5 月，果期 10—11 月。

　　红豆树已列入福建省第一批主要栽培珍贵树种名录。南安市眉山乡等少数乡镇可见野生，部分乡镇有栽培，多生于沟谷、山地林中。较耐寒，山区乡镇高海拔村庄可引种作造林树种或"四旁"树。木材质地坚硬，纹理美观，为上等的木雕工艺品、高级家具等用材。

海南红豆

【科属名】豆科红豆属

【学　名】*Ormosia pinnata*（Lour.）Merr.

　　常绿小乔木，高可达 20 米。叶为一回奇数羽状复叶，有小叶 3～4 对；小叶对生，薄革质，披针形，两面无毛。花两性；圆锥花序顶生；花萼钟状，比花梗长；花冠粉红色而带黄白色，各瓣均具柄，瓣片基部有角质耳状体 2 枚。荚果；果瓣厚木质，成熟时橙红色；种皮红色。花期 10 月。

　　原产于海南、广东等地。南安市部分乡镇可见栽培。四季常绿，树干通直，冠幅整齐，可作行道树和园景树；抗逆性强，耐干旱贫瘠，生长较快，亦是优良的山上造林树种。木材材质稍软，可作一般家具、建筑等用材。

猪屎豆

【科属名】豆科猪屎豆属

【学　名】*Crotalaria pallida* Ait.

【别　名】鬼子豆（闽南方言）、猪屎青

　　直立亚灌木。茎枝被短伏毛。叶为三出复叶，互生；小叶纸质，倒卵形、椭圆形或长圆形，长 3～6厘米，宽 1.5～3 厘米，先端钝或微凹，具小尖头。总状花序顶生或腋生，有花多朵，较密集，花黄色。荚果近圆柱形，长 3～4 厘米，径5～8 毫米，成熟时淡褐色。花果期3—10 月。

　　南安市各乡镇常见，多生于荒野、农村闲杂地、路边。

大猪屎豆

【科属名】豆科猪屎豆属

【学　名】*Crotalaria assamica* Benth.

【别　名】大猪屎青(《中国主要植物图说·豆科》)

　　直立亚灌木。茎枝被柔毛，嫩枝具棱。叶为单叶，互生，纸质，倒披针形或长椭圆形，长5～15厘米，宽2～4厘米，先端钝圆，具细小短尖；托叶线形。花两性；总状花序顶生或腋生，有花20～30朵；花萼二唇形，被短柔毛；花冠黄色，旗瓣圆形或椭圆形，翼瓣长圆形，龙骨瓣弯曲。荚果长圆形，长4～6厘米，径约1.5厘米，成熟时紫黑色。花果期5—12月。

　　南安市柳城等少数乡镇可见，多生于村庄闲杂地。

木豆

【科属名】豆科木豆属

【学　名】*Cajanus cajan*（L.）Millsp.

　　直立灌木。小枝具棱，被短柔毛。叶为羽状复叶，具小叶3片；小叶纸质，椭圆状披针形，两面被短柔毛。花两性；总状花序腋生，花黄色。荚果线状长圆形，被短柔毛；种子间具斜槽。花果期3—11月。

　　南安市各乡镇常见，栽培或逸为野生。耐干旱贫瘠，适应性强，生长迅速，可作矿山修复、水土保持、山体边坡裸露的造林树种。种子可榨油或制作豆腐供食用；树叶可作家畜饲料；根入药，有清热解毒、止血的功效。

象牙红

【科属名】豆科刺桐属

【学　名】*Erythrina sykesii*

　　落叶乔木，高可达 18 米。茎、枝散生皮刺（不为黑色）。叶为羽状复叶，互生，具 3 小叶；小叶纸质，侧生小叶菱状卵形，顶生小叶卵圆形，边缘全缘，两面无毛；有时叶柄上有刺。总状花序，顶生或腋生，花深红色，先叶开放；花萼钟状，萼口顶端有齿。花期 11 月至翌年 3 月，未见结果。

　　杂交种，原产于新西兰和澳大利亚。南安市部分乡镇可见栽培，常见于公路、公园、寺庙等。花红如火，热烈奔放，生长迅速，观赏性强，是很好的行道树、园景树、"四旁"树。不耐寒，山区乡镇高海拔村庄不宜种植。

　　人们和园林部门常将本种误称为"刺桐"。刺桐（*Erythrina variegata* L.）的主要特征是：刺黑色；花萼佛焰苞状，偏斜，分裂到基部，不为二唇形；龙骨瓣 2 片分离，龙骨瓣与翼瓣近等长；有结果，种子红色。刺桐因受病虫害侵袭，存活数量极少，当下已很难见到。（本种分类参考华中科技大学出版社出版的《厦门地区常用园林植物图录》）

鸡冠刺桐

【科属名】豆科刺桐属

【学　名】*Erythrina crista-galli* L.

　　落叶灌木或小乔木。茎枝和叶柄具疏刺。叶为羽状复叶，互生，具 3 小叶；小叶长卵形或披针状长椭圆形，纸质，边缘全缘。花两性；花 1～3 朵簇生于叶腋和总状花序顶生，深红色；花萼钟状，先端二浅裂；旗瓣宽卵形，完全盛开时反卷。荚果圆条形，成熟时褐色。花期 4—5 月和 9—10 月，边开花边结果。

　　原产于巴西。南安市各乡镇可见栽培。花色红艳挂满枝头，枝叶轻柔随风舞动，具有很好的观赏性，可作庭园树或行道树，种植于草坪上或池塘边也别具特色。

木蓝

【科属名】豆科木蓝属
【学　名】*Indigofera tinctoria* Linn.
【别　名】蓝靛

　　直立亚灌木。幼枝有棱，被白色丁字毛。叶为一回羽状奇数复叶，有小叶2～6对；小叶对生，纸质，倒卵状长圆形或倒卵形，顶端圆钝，具小尖头，两面被丁字毛。花两性；总状花序，腋生；花萼钟状，萼齿三角形；花冠淡红色，旗瓣阔倒卵形，龙骨瓣与旗瓣近等长。荚果线形。花果期几乎全年。
　　南安市部分乡镇可见，多生于林缘、路边或荒野。叶可提取蓝靛染料。

庭藤

【科属名】豆科木蓝属
【学　名】*Indigofera decora* Lindl.

　　灌木。叶为一回奇数羽状复叶，互生，小叶常3～7对；小叶纸质，常对生或近对生（偶有互生），卵状披针形、卵状长圆形或长圆状披针形，顶端渐尖或急尖或圆钝，具小尖头，表面无毛，背面疏被丁字毛，边缘全缘。小托叶钻形。花两性；总状花序，腋生；花萼杯状，萼齿三角形；花冠淡紫色或粉红色或白色，旗瓣椭圆形，翼瓣具缘毛，龙骨瓣与翼瓣近等长。荚果圆柱形。花果期4—10月。
　　南安市眉山乡等少数乡镇可见，多生于溪边、沟谷旁的灌丛中。

短萼灰叶

【科属名】豆科灰毛豆属

【学　名】*Tephrosia candida* DC.

【别　名】白灰毛豆（《中国植物志》）

　　直立亚灌木。植株各部（叶面除外）密被灰白色绒毛。叶为一回奇数羽状复叶，互生，叶轴上面有沟，小叶常5～10对；小叶对生，长椭圆形或长圆状披针形，先端具小尖头。花两性；总状花序顶生或腋生，花白色。荚果条形，扁平。花果期10月至翌年1月。

　　原产于印度东部和马来西亚半岛。南安市部分乡镇可见，已逸为野生，多生于路边或荒野。

紫藤

【科属名】豆科紫藤属

【学　名】*Wisteria sinensis*（Sims）DC.

　　落叶木质藤本。叶为奇数羽状复叶，互生，小叶3～6对；小叶对生，纸质，卵状披针形或长圆状披针形，上部小叶较大，基部1对最小，先端渐尖至尾状尖，嫩叶两面被短伏毛。花两性；总状花序，下垂，花芳香；花萼杯状，具5短齿；花冠紫色，旗瓣圆形，花开后反折，翼瓣基部耳状，龙骨瓣较翼瓣短。荚果长条形。花期3—5月，果期5—8月。

　　原产于我国。南安市部分乡镇可见栽培，见于公园、学校或庭院。紫穗悬垂，花香弥漫，是优良的棚架和围栏植物，亦可作盆景。较耐寒，山区乡镇高海拔村庄可引种。紫藤花可食用，亦可提炼芳香油，有解毒、止吐止泻的功效。

亮叶鸡血藤

【科属名】豆科鸡血藤属

【学　名】*Callerya nitida*（Bentham）R. Geesink

【别　名】亮叶崖豆藤（《福建植物志》）

　　木质藤本。叶为一回羽状复叶，有小叶 5 片，叶轴、小叶柄被柔毛；小叶厚纸质，对生，长椭圆形或宽披针形，顶端短渐尖；托叶钻状。圆锥花序顶生，花序轴被短伏毛，花紫白色；旗瓣外面被绢状毛，基部有 2 个胼胝状附属物。荚果条形，扁平，密被锈色绒毛。花果期 5—12 月。

　　南安市部分乡镇可见，多生于林下、林缘的灌丛中。

网络夏藤

【科属名】豆科夏藤属

【学　名】*Wisteriopsis reticulata*（Benth.）J. Compton & Schrire

【别　名】昆明鸡血藤（《植物名实图考》）、网络崖豆藤（《福建植物志》）

　　木质藤本。叶为一回奇数羽状复叶，互生，有小叶 7 片或 9 片；小叶对生，厚纸质，卵形、椭圆形或长椭圆形，先端钝而微凹。花两性；圆锥花序顶生或腋生，花密集，红紫色；花萼钟状，4 齿裂；旗瓣无毛，基部无胼胝状附属物。荚果条形，扁平。花果期 5—11 月。

　　南安市部分乡镇可见，多生于林下、林缘的灌丛中。藤可药用，有散气、散风活血的功效；根入药，有舒筋活血的功效。

田菁（tián jīng）

【科属名】豆科田菁属

【学　名】*Sesbania cannabina*（Retz.）Poir.

亚灌木。叶为偶数羽状复叶，互生，有小叶 10～40 对；小叶对生或近对生，纸质，线状长圆形，先端钝，具小尖头，基部圆形，两侧不对称，嫩叶背面疏被毛，边缘全缘。花两性；总状花序，有花 2～6 朵；花萼钟状，5浅裂；花冠黄色，具多数浅紫色斑点，翼瓣和龙骨瓣具短耳。荚果线状圆柱形。花果期 7—11 月。

南安市部分乡镇可见，多生于荒野、水田旁、水沟旁。茎、叶可作绿肥或饲料。

刺槐（cì huái）

【科属名】豆科刺槐属

【学　名】*Robinia pseudoacacia* L.

【别　名】洋槐（《中国树木分类学》）

落叶乔木。叶为一回奇数羽状复叶（长可达 40 厘米），互生，叶轴具沟槽；小叶 2～12 对，对生或近对生，纸质，椭圆形、长椭圆形或卵形，先端圆或微凹，具小尖头，边缘全缘；托叶 2 枚，长刺状，宿存。花两性；总状花序腋生，花白色，芳香。荚果扁条形，具红褐色斑纹。花果期 4—9 月。

原产于美国。南安市康美镇、洪濑镇等少数乡镇可见，已逸为野生，多见于公路边。生长快，萌蘖性和适应性强，可作荒山荒地、水土保持的造林树种。枝干易燃烧，火力旺盛，是很好的薪炭材。

南岭黄檀

【科属名】豆科黄檀属

【学　名】*Dalbergia balansae* Prain

【别　名】秧青（《中国植物志》）

　　高大乔木。叶为羽状复叶，互生，有小叶 13～26 片；小叶纸质，长椭圆形或倒卵状椭圆形，顶端圆形有微凹，背面微被短柔毛。花两性；圆锥花序腋生；花冠白色，具紫色条纹；雄蕊二体（5+5）；子房密被短柔毛。荚果扁平，椭圆形或长椭圆形，通常有种子 1 粒。花期6—7 月，果期 9—11 月。

　　南安市部分乡镇可见，多生于山地杂木林、村庄"四旁"、沟谷。园林栽培上有一定的发展潜力，可作"四旁"树、遮荫树、风景树。

降香

【科属名】豆科黄檀属

【学　名】*Dalbergia odorifera* T. Chen

【别　名】降香檀（《福建植物志》）、降香黄檀

　　乔木。叶为羽状复叶，互生，有小叶常 9～13 片；小叶互生，厚纸质，卵形或椭圆形，顶端急尖，尖头钝，两面无毛。圆锥花序腋生，分枝呈伞房花序状；花黄白色；雄蕊 9 枚，单体。荚果舌状长圆形，成熟时褐色，有种子 1～2个。花期 5 月，果期 8—12 月。

　　原产于海南，已列入福建省第一批主要栽培珍贵树种名录。南安市部分乡镇可见栽培，多种植于农村"四旁"或公园。木材坚重，纹理致密，不裂不翘，为上等家具用材。

藤黄檀

【科属名】豆科黄檀属

【学　名】*Dalbergia hancei* Benth.

木质藤本。叶为一回羽状复叶，互生，有小叶常7~11片；小叶互生，纸质，椭圆形或倒卵状长圆形，先端钝圆有微凹。花两性；圆锥花序腋生，花序轴和花梗密被短柔毛，花小，淡绿色；雄蕊9枚，单体。荚果扁平、长圆形或带状；种子常1~2粒，稀3~4粒。花期3—4月，果期8—9月。

南安市部分乡镇可见，多生于疏林地、山坡灌丛中。

紫檀

【科属名】豆科紫檀属

【学　名】*Pterocarpus indicus* willd.

【别　名】青龙木（《植物学大词典》）、印度紫檀

大乔木，高可达25米。叶为一回羽状复叶，互生，小叶常6~10片；小叶互生，纸质，卵形或长圆形，先端渐尖，边缘全缘，两面无毛。花两性；圆锥花序顶生或腋生，花序轴和花梗被柔毛，花黄色。荚果圆形，扁平；有种子1~2粒。花期春季，果期8—10月。

原产于印度，已列入福建省第一批主要栽培珍贵树种名录。南安市武荣公园可见栽培。木材坚硬致密，为上等的建筑、乐器及家具等用材。

排钱树

【科属名】豆科排钱树属

【学　名】*Phyllodium pulchellum*（Linn.）Desv.

落叶灌木。小枝细弱，被短柔毛。叶为羽状复叶，互生，有小叶 3 片（顶生小叶卵状椭圆形或卵状披针形，有柄，边缘浅波状；侧生小叶约比顶生小叶小 1 倍，无柄），托叶三角状披针形；小叶革质，两面被短柔毛，小托叶钻形。花两性；伞形花序顶生或侧生，藏于叶状苞片（近圆形，具羽状脉，两面被短柔毛）内，花序轴被短柔毛；花冠白色。荚果长椭圆形，顶端有喙，具 2 个荚节（偶有 1 个）。花果期 7—11 月。

南安市眉山乡等少数乡镇可见，多生于林缘荒地或疏林地中。根、叶入药，有解表清热、活血散瘀的功效。

葫芦茶

【科属名】豆科葫芦茶属

【学　名】*Tadehagi triquetrum*（L.）Ohashi

亚灌木或灌木。幼枝三棱形。叶为单叶，互生，薄革质，卵状长椭圆形至狭披针形；叶柄两侧具宽翅；托叶披针形。花两性；总状花序顶生和腋生，花淡红色或蓝紫色。荚果带形，密被短伏毛。花果期 6—12 月。

南安市部分乡镇可见，多生于路旁、荒山荒地的灌丛中。全株入药，有清热解毒、健脾消食的功效。

假地豆

【科属名】豆科假地豆属

【学　名】*Desmodium heterocarpon*（L.）DC.

　　小灌木或亚灌木。茎直立或平卧。叶为一回羽状复叶，有小叶 3 片；小叶纸质，顶生小叶宽卵形，侧生小叶椭圆形，先端圆，具短尖头。花两性；总状花序顶生或腋生，花密集，淡紫红色或淡紫色。荚果带状，扁平，密集，腹背缝线被短柔毛。花果期 8—11 月。

　　南安市部分乡镇可见，多生于疏林地、山地路边、林缘、旷野的灌丛中。

胡枝子

【科属名】豆科胡枝子属

【学　名】*Lespedeza bicolor* Turcz.

　　直立灌木。叶为羽状复叶，有小叶 3 片；小叶纸质，卵形至卵状长圆形，先端钝圆或微凹，具小尖头；托叶 2 枚，线状披针形。花两性；总状花序腋生，花紫红色；花萼顶端 4 裂，裂片与萼筒近等长；旗瓣稍长于龙骨瓣或近等长。荚果斜卵形，密被短柔毛。花期 8—10 月，果期 11—12 月。

　　南安市各乡镇可见，多生于山坡、林缘、路旁、旷野的灌丛中。耐干旱、耐贫瘠、耐盐碱、耐严寒，可作荒山荒地、水土保持、沿海防护林的伴生树种。花小巧可爱，像一只只美丽的蝴蝶在草丛中飞舞，极具观赏性，园林用途上很有发展潜力，可栽培用作绿化树种，种植于池塘边、溪岸边、公路两侧等绿地，形成独特的景观带。

酢浆草科（cù jiāng cǎo kē）Oxalidaceae

阳桃

【科属名】酢浆草科阳桃属

【学　名】*Averrhoa carambola* L.

【别　名】五敛子（《本草纲目》）、洋桃（闽南方言）

常绿乔木，高可达12米。叶为奇数羽状复叶，互生，有小叶5~11片；小叶互生或近对生，厚纸质，卵形至椭圆形，背面疏被柔毛，边缘全缘。花两性；聚伞花序或圆锥花序，有花多朵；花枝和花蕾深红色；花瓣白紫色，5片；雄蕊5~10枚。浆果肉质，下垂，常5棱，成熟时淡黄色。花期4—12月，果期7—12月。

原产于马来西亚、印度尼西亚。南安市部分乡镇可见栽培，多见于农村"四旁"、公园或低矮山丘。果可生食，甘甜爽脆，生津解暑。

芸香科 Rutaceae

花椒簕（huā jiāo lè）

【科属名】芸香科花椒属

【学　名】*Zanthoxylum scandens* Bl.

攀援木质藤本。茎枝、叶轴具皮刺。叶为羽状复叶，互生，小叶常13~25片；小叶互生，厚纸质，卵形至卵状长圆形，顶端渐尖至长渐尖，边缘全缘，两面无毛。花单性；圆锥花序腋生；花萼4片，宽卵形；花瓣4片，淡绿色；雄花的雄蕊4枚；雌花有心皮4枚。蓇葖果1~4个，红褐色。花期3—5月，果期7—8月。

南安市翔云镇等少数乡镇可见，多生于林缘、山地路边。

两面针

【科属名】芸香科花椒属

【学　名】*Zanthoxylum nitidum*（Roxb.）DC.

　　常绿攀援木质藤本（幼龄为小灌木）。茎、枝、叶轴具下弯皮刺。叶为羽状复叶，互生，小叶常5~9片；小叶对生，革质，阔椭圆形或阔卵形，边缘具疏浅锯齿或全缘，两面无毛。花单性；花序腋生，花淡黄绿色；花基数为4。蓇葖果近圆形，成熟时紫红色，表面具大腺点。花期3—5月，果期9—11月。

　　南安市各乡镇常见，多生于疏林地、林内或荒野，常攀援于其他树上。

簕欓花椒（lè dǎng huā jiāo）

【科属名】芸香科花椒属

【学　名】*Zanthoxylum avicennae*（Lam.）DC.

　　常绿小乔木。枝具皮刺。叶为羽状复叶，互生，有小叶9~31片；小叶对生或互生，薄革质，斜卵形至斜长方形，顶端短尖（有小缺口），边缘全缘或具疏浅细齿，两面无毛。花单性；伞房状圆锥花序顶生；萼片及花瓣均5片；花黄白色，雌花的花瓣比雄花的稍长。蓇葖果近球形，淡紫红色。花期7—8月，果期10—12月。

　　南安市各乡镇可见，多生于低海拔疏林地、林缘或山地路边。

胡椒木

【科属名】芸香科花椒属
【学　名】*Zanthoxylum piperitum*

　　常绿灌木。全株具浓烈胡椒香味。叶为奇数羽状复叶，互生，小叶常4~8对，叶基有2枚短刺，叶轴有狭翼；小叶对生，革质，倒卵形，边缘全缘，两面密生腺体。花单性，雌雄异株；聚伞圆锥花序，花小；雄花黄色，雌花橙红色。花期4—7月。

　　原产于日本、韩国。枝叶茂密，叶色翠绿，萌芽力强，耐修剪，常用作绿篱，亦作盆栽放置于室内供观赏。

三桠苦（sān yá kǔ）

【科属名】芸香科蜜茱萸属
【学　名】*Melicope pteleifolia* T. G. Hartley
【别　名】三叉苦（《福建植物志》）

　　常绿灌木或小乔木。枝叶无毛。叶为指状复叶，对生，有小叶3片，叶柄长可达8厘米；小叶纸质，椭圆状披针形，边缘全缘或略呈波状，揉搓有香气。花单性；聚伞花序腋生，花小；花基数为4；花瓣白色至淡黄色。蓇葖果近球形。花期5—6月，果期8—10月。

　　南安市各乡镇可见，多生于林缘、疏林地或荒野的灌丛中。根、叶、果入药，有清热解毒的功效。

棟叶吴萸（liàn yè wú yú）

【科属名】芸香科吴茱萸属

【学　名】*Tetradium glabrifolium*（Champ. ex Benth.）T. G. Hartey

　　落叶乔木。树皮密生皮孔。叶为奇数羽状复叶，对生，小叶常3～5对；小叶纸质，对生，卵形至椭圆状披针形，基部两则不对称（一侧圆另一侧斜），边缘全缘或略呈波状，两面无毛。花单性；聚伞圆锥花序顶生，花小且多；花基数为5；花瓣白色。蓇葖果开裂，淡紫红色，具油点。花期7—9月，果期10—12月。

　　南安市部分乡镇可见，多生于山地林中。秋季满树红叶，层林尽染，为优良的秋景植物。适应性强，生长迅速，与其他常绿阔叶树种混交，种植于城镇一重山、森林公园、生态公园、矿区等山地，观赏效果极佳。木材作室内装饰板材、文具等用材。

飞龙掌血

【科属名】芸香科飞龙掌血属

【学　名】*Toddalia asiatica*（L.）Lam.

　　常绿木质藤本。茎枝具锐刺，嫩枝有细毛。叶为指状三出复叶；小叶揉之有香气，厚纸质，椭圆形至倒卵形，边缘具细裂齿或近全缘，两面无毛。花单性；雄花序为伞房状圆锥花序，雌花序为聚伞状圆锥花序，花淡黄白色；萼片及花瓣均5片；雄蕊5枚。核果球形，成熟时橙黄色。花果期几乎全年。

　　南安市部分乡镇可见，多生于林缘、路边或山地林中，常攀援于其他树上。茎枝可制作烟斗。根入药，有活血散瘀、祛风除湿、消肿止痛的功效。

黄皮

【科属名】芸香科黄皮属
【学　名】*Clausena lansium*（Lour.）Skeels
【别　名】黄弹（《岭南杂记》）

　　常绿小乔木。叶为一回奇数羽状复叶，互生，有小叶5～13片；小叶互生，厚纸质，卵形或卵状椭圆形，边缘全缘或呈浅波状，两面无毛。花两性；圆锥花序顶生；萼片和花瓣均为5片；雄蕊10枚。浆果椭圆形或阔卵形，成熟时淡黄色。花期4—5月，果期7—8月。

　　原产于我国南部，为南方特色水果之一。南安市部分乡镇可见栽培，多种植于房前屋后或庭院。果实清甜芳香，可生食或制成蜜饯。根、叶入药，有行气、消滞、解表的功效。

九里香

【科属名】芸香科九里香属
【学　名】*Murraya exotica* L. Mant.

　　常绿小乔木。叶为一回奇数羽状复叶，互生，有小叶3～9片；小叶互生，厚纸质，叶形变化大，卵形至倒卵状椭圆形至菱形，最宽处在中部偏上，边缘全缘。花两性；聚伞花序常顶生，花白色，芳香；花瓣5片，长椭圆形；雄蕊10枚。浆果阔卵形或椭圆形，成熟时橙黄至朱红色，略歪斜。花期4—8月，果期10—12月。

　　原产于亚洲热带及亚热带地区。南安市部分乡镇可见栽培。叶色翠绿，姿态优美，香气淡雅，耐修剪，适应性强，常作绿篱，或作盆景、盆栽摆放在室内外供观赏。不耐寒，山区乡镇高海拔村庄不宜种植。木材可作雕刻等用材。

枳（zhǐ）

【科属名】芸香科柑橘属

【学　名】*Citrus trifoliata* L.

　　落叶灌木或小乔木。嫩枝扁，有纵棱，枝具粗大长刺（长可达4厘米）。叶常为指状三出复叶，互生，叶柄具狭长的翼叶；小叶薄革质，卵形至椭圆形，顶端微凹，边缘具细钝齿。花单生或成对腋生，白色，有香气；萼片及花瓣均5片；雄蕊5~20枚。柑果球形，成熟时橙黄色。

　　原产于我国中部。南安市少数乡镇可见栽培，多作柑和橙的砧木，亦可作绿篱。果实干片入药，中药名为"枳壳"，有理气宽中、行滞消胀的功效。

金豆

【科属名】芸香科金橘属

【学　名】*Fortunella chintou*
　　　　　（Swing.）Huang

　　常绿灌木，高1~2米。茎具刺，嫩枝具棱。叶为单叶，互生，革质，椭圆形，边缘全缘，中脉在表面稍凸起。花两性；花单朵（偶有数朵）生于叶腋，白色，微芳香；花瓣5枚；雄蕊多数。柑果小（直径常6~8毫米），成熟时橙黄色。花期4—5月，果期11月翌年1月。

　　南安市东田镇、翔云镇等少数乡镇可见，多生于疏林地。民间常将果实盐渍制成蜜饯，有消食、润肺、化痰的功效。

柑橘

【科属名】芸香科柑橘属
【学　名】*Citrus reticulata* Blanco
【别　名】红柑（闽南方言）

常绿小乔木。分枝多，嫩枝有刺。单身复叶，翼叶常狭窄；叶互生，革质，椭圆形至阔卵形，顶端常有凹口，边缘常有钝齿或圆齿，两面无毛。花单生或2～3朵簇生于叶腋，白色，芳香；花瓣5片；雄蕊20～25枚。柑果常扁圆形至近圆球形，成熟时红色。花期4—5月，果期10—12月。

南安市部分乡镇可见栽培。乐峰、罗东、蓬华、英都、金淘、诗山、码头等乡镇有成片种植，发展柑橘产业。

四季橘

【科属名】芸香科柑橘属
【学　名】*Citrus × microcarpa* Bunge

常绿灌木。多分枝，具刺。叶为单身复叶，互生，革质，卵状椭圆形至长圆状披针形，边缘全缘或中部以上具细钝齿；翼叶通常狭小或仅具痕迹，与叶片连接处有关节。花两性；花单朵或数朵簇生于叶腋，白色，芳香；花瓣5枚；雄蕊多数。柑果圆形或扁圆形。花期2—4月，果期12月至翌年2月。

原产于我国。南安市各乡镇可见栽培，多为盆栽。果极酸，仅作观赏用。

金柑

【科属名】芸香科柑橘属

【学　名】*Citrus japonica* Thunb.

【别　名】金橘(《福建植物志》)、金橘仔(闽南方言)

　　常绿灌木或小乔木。枝无刺。叶为单身复叶，互生，卵状披针形或长椭圆形，边缘全缘或有不明显的细锯齿，翼叶狭小或仅具痕迹。花两性；单花或2~3朵花簇生；花萼4~5裂；花瓣5片；雄蕊20~25枚。果椭圆形或卵状椭圆形，高过于宽，果皮薄且味甜，果肉味酸。花期3—4月，果期11—12月。

　　南安市部分乡镇可见栽培，见于房前屋后或村庄闲杂地，英都镇、乐峰镇有成片种植。果可鲜食（带果皮一起食用）；民间常将果实盐渍，称之为"盐金橘"，有消食、润肺、化痰、顺气的功效。

甜橙

【科属名】芸香科柑橘属

【学　名】*Citrus sinensis*（L.）Osb.

【别　名】橙(闽南方言)

　　常绿小乔木。有刺或近无刺。单身复叶，翼叶狭长（上半部较宽，下半部较狭）；叶互生，革质，卵状椭圆形至卵形，边缘全缘，两面无毛。花单朵至数朵生于叶腋，白色；雄蕊20~25枚。柑果扁圆形至圆形，成熟时黄红色，果皮难剥离，果心通常充实。花期4月。果期11—12月。

　　南安市部分乡镇可见栽培，蓬华、罗东、乐峰等少数乡镇有成片种植。

香橼

【科属名】芸香科柑橘属
【学　名】*Citrus medica* L.

常绿灌木或小乔木。茎枝具长刺（长可达4厘米）。叶为单叶，无翼叶，长椭圆形或卵状椭圆形，边缘有浅钝齿。总状花序（偶有1～2朵花腋生）；花瓣5片；雄蕊多数。柑果椭圆形、近圆形或两端狭的纺锤形，成熟时淡黄色，果皮甚厚难剥离。花期3—5月，果期10—11月。

南安市向阳乡等少数乡镇可见栽培，多见于村庄闲杂地或房前屋后，主要作佛手的砧木。果实干片入药，有理气宽中、消胀降痰的功效。

佛手

【科属名】芸香科柑橘属
【学　名】*Citrus medica* L.var. *sarcodactylis*（Noot.）Swingle
【别　名】五指香橼

常见的栽培变种，与原种香橼的主要区别是：果顶分裂为多条手指状肉条，肉条有1至2轮，长短不等。

南安市部分乡镇可见栽培。向阳乡大力发展佛手种植产业，并开发研制了"佛手糕""佛手丹""佛手蜜饯"等一系列产品，市场前景向好。民间常将果实盐渍，或经过九蒸九制，成为炙手可热的"老香黄"，用来泡水喝。

柚（yòu）

【科属名】芸香科柑橘属

【学　名】*Citrus maxima*（Burm.）Merr.

【别　名】抛（闽南方言）

　　常绿乔木。嫩枝被柔毛，具尖刺，有棱。叶为单身复叶，互生，革质，椭圆形或阔卵形，翼叶宽大（不同品种大小不一），叶背至少中脉被柔毛。总状花序，花蕾常为淡紫红色；雄蕊25～35枚。柑果梨形或近圆球形，果皮甚厚。花期2—4月，果期9—10月。

　　南安市各乡镇可见栽培。柚有很多优良品种，福建省主要有文旦柚、坪山柚、平和蜜柚、官溪蜜柚、葡萄柚等。果实气味芳香，酸甜可口，营养丰富，是深受人们喜爱的水果之一。

柠檬

【科属名】芸香科柑橘属

【学　名】*Citrus × limon*（Linnaeus）Burm.

【别　名】洋柠檬、益母果

　　常绿灌木。刺较少，锐尖。单身复叶（有时可见单叶），椭圆形，革质，边缘有钝齿，翼叶较明显或无，两面无毛。总状花序或花单朵至2朵腋生，芳香；花蕾和花瓣外面带紫红色；雄蕊25枚以上，4或5枚合生成束。果椭圆形或卵形，成熟时黄色，果皮不易剥离。一年可多次开花结果。

　　南安市部分乡镇可见栽培。喜温暖气候，喜土层深厚、排水良好的土壤，可成片种植在杂地、山坡地；或零星种植于房前屋后、田间地头；或作盆栽放置于阳台或屋顶。鲜果或干果泡水饮用，有生津、止渴、解腻、祛暑的功效。

　　因味极酸，孕妇喜食，故又名"益母果"。

苦木科 Simaroubaceae

常绿臭椿

【科属名】苦木科臭椿属

【学　名】*Ailanthus fordii* Nooteboom

　　常绿乔木。顶芽被灰褐色柔毛；枝条粗壮，具大而显著的皮孔。叶为一回羽状复叶，聚生于小枝顶端，有小叶 12~25 片；小叶互生或近对生，厚纸质，卵形至长圆状披针形，边缘全缘，成长叶两面无毛。圆锥花序近顶生；花瓣常 5 片，淡绿白色；雄蕊 10 枚。翅果。花期 11—12 月。

　　南安市部分乡镇可见，多生于林缘、村庄闲杂地或寺庙。树干通直，四季常绿，开花时满树黄绿相间，极具观赏性，可作园景树、"四旁"树或行道树。

鸦胆子

【科属名】苦木科鸦胆子属

【学　名】*Brucea javanica*（L.）Merr.

【别　名】鸦蛋子（《植物名实图考》）、
　　　　　苦参子（《本草纲目》）

　　灌木或小乔木。嫩枝、叶和花序均被柔毛。叶为奇数羽状复叶，互生，有小叶 5~11 片；小叶对生，草质，卵形或卵状披针形，边缘有粗齿。花单性，雌雄同株或异株；圆锥花序腋生，花细小；雌花序约为雄花序长的一半；花瓣 4 片，淡绿色；雄蕊 4 枚。核果卵形，成熟时黑紫色。花期 6—7 月，果期 9—10 月。

　　南安市各乡镇可见，多生于荒野、路边、林缘的灌丛中。种子入药，有清热解毒、止痢疾的功效。

橄榄科 Burseraceae

橄榄

【科属名】橄榄科橄榄属

【学　名】*Canarium album*（Lour.）Rauesch.

常绿大乔木，高可达 35 米。叶为奇数羽状复叶，互生，有小叶 7～11 片；小叶对生，革质，长椭圆状披针形，叶脉发达明显。圆锥花序，腋生，花小；花萼杯状；花瓣 3 片，白色，微香；雄蕊 6 枚。核果卵圆形，成熟时黄绿色。花期 6—7 月，果期 10—11 月。

南安市各乡镇可见，栽培时间由来已久。树干通直粗壮，适应性强，寿命很长，可种植于农村"四旁"地或公园绿地；亦可成片种植，选择丘陵低山或缓坡山地建设果园。果可生食，或加工制成蜜饯和饮料，最负盛名的应属"咸橄榄"。木材可作建筑、家具等用材。核可用来雕刻，俗称"榄雕"，其风格独特，造型秀丽。

棟科 Meliaceae

香椿

【科属名】棟科香椿属

【学　名】*Toona sinensis*（A. Juss.）Roem.

落叶乔木。树皮片状脱落。叶集生枝顶，一回羽状复叶，有小叶 16～20 对；小叶纸质，对生，椭圆状长圆形至长圆状披针形，基部一侧圆形，另一侧楔形，边缘全缘或具疏离的小钝齿，两面无毛。花两性；圆锥花序顶生，花小，芳香；花萼 5 齿裂；花瓣 5 片，白色；雄蕊 10 枚（其中 5 枚能育，5 枚退化）；柱头盘状。蒴果狭椭圆形，木质，种子仅一端具膜质的长翅。花期 6—7 月，果期 10—12 月。

原产于我国西南部、中东部等地区，已列入福建省第一批主要栽培珍贵树种名录。南安市部分乡镇可见栽培，多生于房前屋后或村庄闲杂地。幼芽嫩叶芳香可口，可做菜食用。根皮及果入药，有收敛止血、去湿止痛的功效。木材纹理美观，质地坚硬，耐腐力强，为优良的家具、建筑、造船等用材。

楝

【科属名】楝科楝属

【学　名】*Melia azedarach* L.

【别　名】苦楝（闽南方言）

　　落叶乔木，高可达 30 米。芽和嫩枝密生星状毛。叶为 2～3 回奇数羽状复叶，羽片常 3～4 对；小叶对生，卵形至椭圆形，顶生叶略大，边缘有锯齿。花杂性；圆锥花序腋生，花微香；花瓣 5 片，淡紫色；雄蕊管圆筒形，紫色。核果卵形或椭圆形，成熟时黄色。花期 3—4 月，果期 10—11 月。

　　南安市各乡镇常见，多散生于村庄"四旁"或荒地。抗风力较差，风口处不宜种植。种子油可供制油漆、润滑油和肥皂。木材纹理美观，是优良的家具、农具、建筑、乐器等用材。

小叶米仔兰

【科属名】楝科米仔兰属

【学　名】*Aglaia odorata* Lour. var. *microphyllina* C. DC.

　　常绿灌木或小乔木。叶为一回奇数羽状复叶，互生，叶轴和叶柄具狭翅，有小叶 5～7 片；小叶对生，厚纸质，狭长椭圆形或狭倒披针状长椭圆形，顶生叶较大，叶轴上有极狭的翅，边缘全缘。圆锥花序，腋生，花黄色，细小，芳香味浓；花瓣 5 片。盛花期夏季和秋季，未见结果。

　　栽培变种。南安市部分乡镇可见栽培。叶色翠绿，花香四溢，是优良的园林香化树种之一，种植于房前屋后、风景区、学校等绿地，醇香诱人。耐修剪，亦可作盆栽摆放阳台供观赏。不耐寒，山区乡镇高海拔村庄不宜种植。

麻楝

【科属名】楝科麻楝属

【学　名】*Chukrasia tabularis* A. Juss.

落叶大乔木，高可达 25 米。叶为一回偶数羽状复叶，互生，小叶常 5～11 对；小叶常对生或近对生，纸质，卵形至椭圆状披针形，两面无毛。花两性；圆锥花序顶生；花瓣 5 片，长圆形，绿白色；雄蕊管圆筒形。蒴果近球形，成熟时灰褐色。花期 5—6 月，果期 7—12 月。

原产于我国西南部地区，已列入福建省第一批主要栽培珍贵树种名录。南安市部分乡镇可见栽培。树干通直，冠幅饱满，可作庭园树和行道树。木材坚硬，纹理美观，是上等的建筑、家具等用材。

桃花心木

【科属名】楝科桃花心木属

【学　名】*Swietenia mahagoni*（Linn.）Jacq.

常绿大乔木，高可达 25 米。叶为一回偶数羽状复叶，互生，小叶常 5～7 对；小叶对生或近对生，薄革质，长圆形或长圆状椭圆形，顶端急尖，边缘全缘。圆锥花序顶生或腋上生；花萼浅杯状，5 裂；花瓣白色，4 片。蒴果椭圆形；种子仅一端有翅。未见开花。

原产于美洲热带地区，已列入福建省第一批主要栽培珍贵树种名录。南安市部分乡镇可见栽培。四季常青，树干通直，生长较快，适应性强，是优良的行道树和庭园树。木材为世界著名木料之一，色泽（呈桃红色）艳丽，硬度适宜，可作建筑、装饰、家具等用材。

叶下珠科 Phyllanthaceae

日本五月茶

【科属名】叶下珠科五月茶属

【学　名】*Antidesma japonicum* Sieb. et Zucc.

【别　名】酸味子（《福建植物志》）

　　灌木。嫩枝被柔毛，后变无毛。单叶互生，厚纸质，椭圆形、长椭圆形至长圆状披针形，长 3～17 厘米，宽 2～4.5 厘米，顶端渐尖或尾状渐尖，具小尖头，背面脉上疏被短柔毛。花单性，雌雄异株；总状花序，腋生或顶生；无花瓣；雄花花萼钟状，3～5 裂，裂片卵状三角形，雄蕊 2～5 枚；雌花花萼与雄花的相似，子房卵圆形，花柱顶生。核果椭圆形。花期 4—6 月，果期 7—9 月。

　　南安市东田镇、英都镇等少数乡镇可见，多生于疏林地或林缘。

五月茶

【科属名】叶下珠科五月茶属

【学　名】*Antidesma bunius*（Linn.）Spreng.

【别　名】五味子

　　常绿小乔木。小枝有明显皮孔。单叶互生，厚纸质，倒卵形或椭圆状披针形，顶端有短尖头，边缘全缘，两面无毛。花单性，雌雄异株；雄花序为顶生的穗状花序，雌花序为顶生的总状花序；花小，无花瓣。核果椭圆形，成熟时淡红色。花期 4—5 月，果期 8—9 月。

　　南安市梅山镇等少数乡镇可见栽培，多见于村庄闲杂地。叶色深绿，果实红润，可作庭园树、观赏树。果实微酸，可食用。

余甘子

【科属名】叶下珠科叶下珠属

【学　名】*Phyllanthus emblica* Linn.

【别　名】油甘（闽南方言）

　　落叶小乔木。单叶互生，整齐二列状，薄革质，线状长圆形，顶端钝圆，有小尖头或微凹；叶柄极短。花单性，雌雄同株；常多朵雄花和1朵雌花同生于叶腋内，花小，绿白色；无花瓣；雄蕊通常3枚。蒴果球形，绿白色。花期3—5月，果期7—9月。

　　南安市各乡镇极常见，多生于低海拔的疏林地、荒山荒地向阳处。极喜光，耐干旱瘠薄，根系发达，萌芽力强，可作水土保持和荒山荒地的造林树种；亦可种植于房前屋后，作为果树或观赏树。果可生食或腌制，有生津止渴、消食积的功效。

湖北算盘子

【科属名】叶下珠科算盘子属

【学　名】*Glochidion wilsonii* Hutch.

　　常绿灌木。小枝直而开展，全株几乎无毛。单叶互生，纸质，披针形或披针状长圆形，背面带灰白色，边缘全缘；托叶近三角形。花单性，雌雄同株；花2～4朵簇生于叶腋，雄花花梗长是雌花花梗的一倍多；雌雄花的花萼均为6片；花瓣无；子房6～8室。蒴果扁球形，边缘有6～8条浅纵沟，光滑无毛。花期秋季，果期秋冬季。

　　南安市部分乡镇可见，多生于山地路边灌丛中。

　　本种与白背算盘子（*Glochidion wrightii* Benth.）很相似，两者的主要区别是：本种子房6～8室，叶背灰白色，叶基部两侧通常对称；白背算盘子的子房为3～4室，叶背粉绿色，叶基部两侧稍偏斜。

算盘子

【科属名】叶下珠科算盘子属

【学　名】*Glochidion puberum*（Linn.）Hutch.

灌木。小枝密被灰白色长柔毛。单叶互生，纸质，长圆形至狭长圆形，顶端钝至急尖，边缘全缘，两面均被长柔毛；托叶三角状。花单性，雌雄同株；花数朵簇生于叶腋；雄花花梗长4～10毫米，雌花花梗极短；雌雄花的花萼均为6片；花瓣无；子房常8～10室。蒴果扁球形，常具8～12条浅沟，密被长柔毛，成熟时红色。花期夏秋季，果期秋冬季。

南安市各乡镇可见，多生于林缘、山地路边、荒野的灌丛中，是酸性土壤的指示植物。种子榨油，可制肥皂或润滑油。全株入药，有清热利湿、活血散瘀、消肿解毒的功效。

毛果算盘子

【科属名】叶下珠科算盘子属

【学　名】*Glochidion eriocarpum* Champ. ex Benth.

灌木。小枝密被淡锈色长柔毛。单叶互生，纸质，卵形至狭卵形，顶端渐尖，边缘全缘，两面均被长柔毛；托叶钻形。花单性，雌雄同株；花1～4朵簇生于叶腋；雄花花梗长4～10毫米，雌花花梗近无；雌雄花的花萼均为6片；花瓣无；子房常5室。蒴果扁球形，常具5条浅沟，密被长柔毛，成熟时淡红色。花果期几乎全年。

南安市各乡镇可见，多生于林缘、山地路边、荒野的灌丛中。全株入药，有收敛止泻、祛湿止痒的功效，外洗治漆树过敏、皮肤炎症等。

厚叶算盘子

【科属名】叶下珠科算盘子属

【学　名】*Glochidion dasyphyllum* K. Koch

　　常绿灌木或小乔木。全株密被柔毛。单叶互生，厚革质，卵形或长卵形，叶大（长 7～15 厘米，宽 4～7 厘米），表面的毛常脱落，边缘全缘。花单性，雌雄同株；聚伞花序腋生，橙黄色；雄花花梗长是雌花花梗的一倍多；雌雄花的花萼均为 6 片；花瓣无；子房 5～7 室。蒴果扁球形，被柔毛，纵沟稍明显。花期夏秋季，果期秋冬季。

　　南安市丰州镇、霞美镇等少数乡镇可见，多生于低海拔山谷、溪边等湿润地。

香港算盘子

【科属名】叶下珠科算盘子属

【学　名】*Glochidion hongkongense*
　　　　　Muell. -Arg.

　　常绿灌木或小乔木。全株无毛。单叶互生，革质，卵形或椭圆状长圆形，叶大（长 5～12 厘米，宽 3～6 厘米），边缘全缘。花单性，雌雄同株；聚伞花序（有时簇生成束），腋生或腋外生；雌雄花的花梗几乎等长；雌雄花的花萼均为 6 片；花瓣无；子房 5～8 室。蒴果扁球形，无毛。花期夏秋季，果期秋冬季。

　　南安市丰州镇、霞美镇等少数乡镇可见，多生于低海拔山谷、溪边等湿润地。

黑面神

【科属名】叶下珠科黑面神属

【学　名】*Breynia fruticosa*（L.）Hook. f.

【别　名】夜兰茶（《岭南草药志》）

　　小灌木。嫩枝常呈扁压状，全株无毛。单叶互生，革质，卵形、卵状披针形或菱状卵形，边缘全缘。花单性，雌雄同株；花单生或2～4朵簇生于叶腋，黄绿色；雄花花萼陀螺状，紧包住雄蕊；雌花花萼钟状，6浅裂，结果时膨大成盘状。蒴果近球形，花萼宿存。花果期几乎全年。

　　南安市部分乡镇可见，多生于山坡、路旁、荒野的灌丛中。根入药，可治肠胃炎、咽喉炎等症；叶外敷可治皮炎。

土蜜树

【科属名】叶下珠科土蜜树属

【学　名】*Bridelia tomentosa* Bl.

【别　名】逼迫子

　　常绿灌木或小乔木。幼枝密被黄褐色柔毛。单叶互生，二列状，纸质，长圆形、长椭圆形或倒卵状长圆形，顶端钝，边缘全缘，背面灰白色，密被黄褐色柔毛。花单性，雌雄同株；多朵花簇生于叶腋，花小，几无花梗。核果近球形，成熟时蓝黑色。花果期几乎全年。

　　南安市部分乡镇可见，多生于疏林地、林缘或荒野。

大戟科 Euphorbiaceae

秋枫

【科属名】大戟科重阳木属

【学　名】*Bischofia javanica* Blume

【别　名】茄冬树（闽南方言）

常绿大乔木，高可达 30 米。树皮不规则片状裂。叶为三出复叶，互生；小叶纸质，卵形或椭圆状卵形，基部楔形或宽楔形，边缘具锯齿。花单性，雌雄异株；圆锥花序腋生，花小；雄花与雌花的花萼均为 5 片；无花瓣；雄蕊 5 枚。浆果球形。花期 2—3 月，果期 10—12 月。

南安市各乡镇极常见，野生或栽培。四季常青，枝繁叶茂，树姿优美，园林应用上极为广泛，常作庭园树、行道树、风景树；耐水湿，也适宜种植在堤岸、溪边、池塘边作为护堤树。木材坚韧，纹理美观，可作建筑、家具等用材。

重阳木

【科属名】大戟科重阳木属

【学　名】*Bischofia polycarpa*（Levl.）Airy Shaw

落叶大乔木，高可达 20 米。树皮纵裂，全株无毛。叶为三出复叶，互生；小叶纸质，卵形或椭圆状卵形，基部圆形或近心形，边缘具锯齿。花单性，雌雄异株；总状花序，通常着生于新枝的下部；雄花与雌花的花萼均为 5 片；无花瓣；雄蕊 5 枚。浆果球形。花期 4—5 月，果期 11 月至翌年 1 月。

南安市仅美林街道（国营南安糖厂）可见栽培，极少见。园林用途同秋枫。

本种与秋枫很相似，两者的主要区别是：本种为落叶乔木，树皮纵裂，总状花序；秋枫为常绿乔木，树皮不规则片状裂，圆锥花序。

橡胶树

【科属名】大戟科橡胶树属

【学　名】*Hevea brasiliensis*（Willd. ex A. Juss.）Muell. Arg.

【别　名】三叶橡胶

　　落叶大乔木，高可达30米。具有丰富乳汁。叶为三出复叶，互生；小叶厚纸质，长椭圆形，边缘全缘，两面无毛；总叶柄长可达14厘米，顶端有2枚腺体。花单性，雌雄同株；聚伞圆锥花序腋生，密被短柔毛，花小，黄色，无花瓣；雄花花萼5裂，雄蕊10枚；雌花花萼与雄花相同，柱头3枚。蒴果近圆形，具3纵沟。花期7—10月，果期12月至翌年1月。

　　原产于巴西。南安市美林街道等少数地方可见成片栽培。橡胶树的胶乳经凝固及干燥可制得天然橡胶，应用于工业、国防等方面，用途极广。二十世纪八十年代，南安市美林街道、仑苍镇、罗东镇等地有推广种植。木材质地轻，可作纤维板、胶合板、纸浆等用材。

油桐

【科属名】大戟科油桐属

【学　名】*Vernicia fordii*（Hemsl.）Airy Shaw

【别　名】三年桐

　　落叶乔木。单叶互生，纸质，卵形或卵圆形，边缘常全缘，稀1~3浅裂；叶柄顶端有2枚扁平、无柄的腺体。花单性，雌雄同株；聚伞圆锥花序顶生；花萼2~3裂；花瓣5片，白色。核果近球状，果皮光滑。花期3—4月，果期8—9月。

　　南安市部分乡镇可见，多生于丘陵山地、林缘、旷野。种子榨油称桐油，涂抹在家具、农具、器物、车船表面，具有耐水、耐腐、绝缘的性能；或为制造油漆、油墨等提供原料，是我国重要的工业油料植物。

木油桐

【科属名】大戟科油桐属

【学　名】*Vernicia montana* Lour.

【别　名】千年桐、木油树（《福建植物志》）

　　落叶乔木。单叶互生，纸质，宽卵形至心形，边缘全缘或3～5深裂；叶柄顶端有2枚杯状、有柄的腺体。花单性，雌雄同株；聚伞圆锥花序顶生；花萼2～3裂；花瓣5片，白色。核果近球状，果皮具纵棱和网状皱纹。花期4—5月，果期10—11月。

　　南安市部分乡镇可见，多生于丘陵山地、林缘、旷野。种子榨油用途同油桐，但质量较差。

石栗（shí lì）

【科属名】大戟科石栗属

【学　名】*Aleurites moluccanus*（L.）Willd.

　　常绿乔木，高可达20米。嫩枝密被短柔毛。单叶互生，纸质，卵形至椭圆状披针形，边缘波状或3～5浅裂或全缘，背面沿脉具柔毛，基出脉3～5条；叶柄长可达20厘米，顶端有腺体2枚。花单性，雌雄同株；圆锥花序顶生，密被星状柔毛；雌雄花花被相似，花瓣5片，白色；雄花雄蕊15～20枚；雌花花柱2枚，2深裂。核果为稍偏斜的圆球状。花期4—5月，果期5—8月。

　　原产于马来西亚等地。南安市区武荣公园可见栽培。树干通直，冠幅饱满，四季常绿，为优良的行道树和庭园树。种子油为制油漆、肥皂、涂料等提供原料。

琴叶珊瑚

【科属名】大戟科麻风树属
【学　名】*Jatropha integerrima* Jacq.
【别　名】琴叶樱、珊瑚花

　　常绿灌木。具乳汁，有毒。单叶互生，纸质，倒卵状椭圆形或倒阔披针形，边缘全缘，常集生于枝条顶部。花单性，雌雄同株异序；聚伞花序；萼片5片；花瓣5片，红色或粉红色。蒴果圆柱形，成熟时呈黑褐色，花柱宿存。花果期几乎全年。

　　原产于中美洲西印度群岛。南安市部分乡镇可见栽培。花色红艳，花期很长，观赏性好，可作庭院、公园、住房小区的绿化树种。

木薯

【科属名】大戟科木薯属
【学　名】*Manihot esculenta* Crantz
【别　名】树薯（闽南方言）

　　直立亚灌木。块根圆柱状，肉质。单叶互生，纸质，掌状3～7深裂至全裂，边缘全缘。花单性，雌雄同株；圆锥花序顶生或腋生，花萼5裂，无花瓣；雄蕊10枚，5长5短；雌花花萼裂片长披针形，子房卵形。蒴果。花期10—11月。块根采收时间一般在12月至春节前后。

　　原产于巴西。南安市各地均有栽培，极常见。耐干旱贫瘠，栽培粗放，生长快，产量高，曾经是南安市的主要粮食作物之一。块根富含淀粉，是食品工业原料。因块根含氰酸毒素，民间说"吃木薯会醉"，就是轻微中毒的表现，需经漂浸煮熟后方可食用。

变叶木

【科属名】大戟科变叶木属

【学　名】*Codiaeum variegatum*（L.）A. Juss.

【别　名】变色月桂、洒金榕

　　常绿灌木或小乔木。全株无毛。单叶互生，薄革质或革质，不同品种的叶形和叶色不一，边缘全缘、浅裂或深裂。花单性，雌雄同株异序；总状花序腋生，花小；雄花白色，萼片5片，花瓣（比萼片短）5片，雄蕊20～30枚；雌花淡黄色，萼片卵状三角形，无花瓣。花期9—10月，未见结果。

　　原产于马来半岛至大洋洲。南安市各乡镇可见栽培。色彩绚丽斑斓，为著名的园林观叶植物。生长适应性强，可种植于庭院、公园、厂区、学校等绿地；亦常作盆栽摆放在阳台或室内供观赏。

　　市场上园艺栽培品种多达上百种，常见的有：洒金变叶木（"Aucubifolium"）、长叶变叶木（f.ambiguum）、复叶变叶木（f.appendiculatum）、阔叶变叶木（f.piaty-phylium）等。

蓖麻（bì má）

【科属名】大戟科蓖麻属

【学　名】*Ricinus communis* L.

　　常绿灌木或小乔木。茎中空，幼时密被白粉。单叶互生，掌状7～11深裂，边缘具锯齿（齿尖具腺体）；叶柄盾状着生，与叶近等长。花单性，雌雄同株且同序；圆锥花序顶生或与叶对生；雄花花萼3～5裂，雄蕊多数；雌花花萼5裂，子房常密生软刺。蒴果长圆形，果皮具软刺。花果期几乎全年。

　　原产于非洲。南安市各乡镇可见，多生于农村闲杂地或平原荒野，已逸为野生。种子含油量高，是重要的工业用油原料。种子有毒，勿食。

红桑

【科属名】大戟科铁苋菜属
【学　名】*Acalypha wilkesiana* Muell.-Arg.
【别　名】绿桑、铁苋菜

　　常绿灌木。单叶互生，纸质，广卵形，顶端尾状渐尖，边缘有锯齿，表面红色或绿色。花单性，雌雄花异序；穗状花序腋生；雄花序排列密集，多朵簇生于花序轴上；雌花序排列稀疏，雌花常1～3朵生于叶状苞片内。花期夏季至秋季，未见结果。

　　原产于斐济群岛。南安市部分乡镇可见栽培。常年红色，鲜艳夺目，可作盆栽放置阳台供观赏，也可作绿篱、地被用于庭园、道路绿化，是良好的观叶植物。

　　常见的园艺栽培变种有：①斑叶红桑（cv. 'Musaia'），叶面上有红色或橙黄色斑块。②金边红桑（cv. 'Marginata'），叶边缘乳黄色或橙红色。

白背叶

【科属名】大戟科野桐属
【学　名】*Mallotus apelta*（Lour.）Muell. Arg.

　　灌木或小乔木。小枝、叶柄和花序均密被白色星状绒毛。单叶互生，纸质，卵形或阔卵形，不裂或顶部具3浅裂，边缘具钝齿，背面密被灰白色绒毛，基部有2枚腺体。花单性，雌雄异株；雄花序为开展的圆锥花序或穗状，雄花花萼3～6裂，无花瓣，雄蕊多数；雌花序穗状，常不分枝（偶有分枝），雌花花萼3～5裂，无花瓣，花柱3枚（偶有4枚）。果序圆柱形，蒴果近球形，密被软刺；种子近球形，黑色。花期6—9月，果期8—11月。

　　南安市各乡镇常见，多生于林缘、路边、荒山荒地的灌丛中。种子榨油，可制肥皂、油墨或润滑油。根、叶入药，有清热活血、收敛祛湿的功效。

东南野桐

【科属名】大戟科野桐属

【学　名】*Mallotus lianus* Croiz

　　灌木或小乔木。嫩枝、叶柄、叶背和花序均密被红褐色星状绒毛。单叶互生，厚纸质，近圆形，盾状，边缘全缘，叶背锈褐色，基部有 2～4 枚凹陷的斑状腺体；叶柄长可达 13 厘米。花单性，雌雄异株；总状花序或圆锥花序，顶生，花小；无花瓣；雄蕊多数。蒴果密被软刺。花期 8—9 月，果期 11—12 月。

　　南安市向阳乡等少数乡镇可见，多生于林缘、山地路边。

杠香藤

【科属名】大戟科野桐属

【学　名】*Mallotus repandus*（Willd.）Muell. Arg.

　　攀援状藤本。茎基部有分枝或不分枝的刺。单叶互生，纸质，卵形或三角状卵形，边缘全缘或具波状齿，背面具黄色腺点，基出脉 3 条；叶柄细长（长可达 7 厘米）。花单性，雌雄异株；总状花序，密被黄色绒毛；雄花花萼 4～5 裂，雄蕊多数；雌花花序梗粗壮，不分枝，雌花的花萼 5 裂。蒴果球形，无软刺，密被黄褐色绒毛。花期 4—6 月，果期 6—8 月。

　　南安市部分乡镇可见，多生于林缘、山地路边、山坡的灌丛中，常攀援于其他树上。茎皮纤维可制绳索；种子油是制油墨、油漆的原料。

粗糠柴（cū kāng chái）

【科属名】大戟科野桐属

【学　名】*Mallotus philippensis*（Lam.）Muell. Arg.

　　小乔木或灌木。小枝密被黄褐色星状柔毛。单叶互生，近革质，卵形、长圆形或卵状披针形，基出脉3条，背面被柔毛和红色腺点，边缘全缘，近基部有斑状腺体2～4枚。花单性，雌雄同株；总状花序顶生或腋生，常具分枝。蒴果。花期4—6月，果期5—8月。

　　南安市东田镇等少数乡镇可见，生于山地路边。

红背桂

【科属名】大戟科海漆属

【学　名】*Excoecaria cochinchinensis* Lour.

【别　名】红背桂花、紫背桂

　　常绿灌木。具乳汁，有微毒。单叶对生或近对生，纸质，狭椭圆形或长圆形，边缘有疏细齿，背面紫红色或血红色，两面无毛。花单性，雌雄异株；总状花序腋生或近顶生；雌花花梗粗壮。蒴果球形，外具3条狭沟。花期几乎全年，果少见。

　　原产于中南半岛。南安市各乡镇常见栽培。喜光，也耐半阴，可用于庭园、道旁、住房小区、厂区等绿化，是很好的绿篱和地被植物。全株入药，有通经活络、止痛的功效。

乌桕（wū jiù）

【科属名】大戟科乌桕属

【学　名】*Triadica sebifera*（Linnaeus）Small

　　落叶乔木。具乳汁，有毒。单叶互生，纸质，菱形至菱状卵形（长与宽近相等），先端长渐尖，边缘全缘；叶柄纤细，顶端有 2 枚腺体。花单性，雌雄同序；总状花序顶生，密集成穗形，花小，黄色。蒴果近球形或梨形，成熟时黑色；种子外被蜡层。花期 5—6 月，果期 9—11 月。

　　南安市各乡镇极常见，多生于林缘、路边、荒野或阔叶林中。树冠整齐，叶形秀丽，秋叶红色，生长适应性强，是很好的园林景观树种，可作行道树、园景树、护堤树、"四旁"树。深根性树种，抗风力强，稍耐盐碱，水头镇、石井镇沿海村庄可栽培种植。种子可提取"桕蜡"和"桕油"，是重要的化工原料。木材坚硬，不翘不裂，可作家具、雕刻等用材。

山乌桕

【科属名】大戟科乌桕属

【学　名】*Triadica cochinchinensis* Loureiro

　　落叶乔木。单叶互生，纸质，椭圆状卵形（长约为宽的 2 倍），边缘全缘；叶柄纤细，顶端有 2 枚腺体。花单性，雌雄同序；总状花序顶生，密集成穗形，花小，黄色。蒴果近球形，成熟时黑色；种子外被蜡层。花期 5—6 月，果期 9—11 月。

　　南安市各乡镇极常见，多生于林缘、路边、荒野或阔叶林中。秋季叶子变红，层林尽染，为优良的秋景植物，可在城镇一重山、森林公园、生态公园成片种植，或与其他常绿阔叶树种混交，观赏效果极佳。根皮及叶药用，治跌打扭伤、痈疮、毒蛇咬伤等。木材可制火柴梗。

紫锦木

【科属名】大戟科大戟属

【学　名】*Euphorbia cotinifolia* Linn.

【别　名】红叶乌桕

　　常绿灌木或小乔木。小枝、叶柄红色。叶为单叶，3片轮生，纸质，圆卵形或宽卵形，先端钝圆，边缘全缘，两面红色；叶柄长可达9厘米。花单性，雌雄同株；圆锥花序顶生，花小；总苞阔钟状，边缘4~6裂；腺体4~6枚，半圆形，边缘具白色附属物；雄花多数；雌花柄伸出总苞外。蒴果三棱状卵形。

　　原产于热带美洲。南安市部分乡镇可见栽培。树资优美，叶片常年红紫色，为优良的观叶植物，可作公园、庭院、学校、厂区、住房小区的绿化树种。

铁海棠

【科属名】大戟科大戟属

【学　名】*Euphorbia milii* Ch. des Moulins

【别　名】虎刺梅、玉麒麟

　　灌木。茎粗厚，多分枝，密生硬而长（2厘米左右）的锥状刺。单叶互生，常集生于嫩枝上，厚纸质，倒卵形或长圆状匙形，先端圆，具小尖头，边缘全缘；叶柄极短。花单性，雌雄同株；二歧聚伞花序顶生，无花被；苞片2枚，肾圆形，鲜红色；腺体5枚，黄红色；雄花多数；雌花单朵。蒴果。花期几乎全年，未见结果。

　　原产于马达加斯加。南安市部分乡镇可见栽培。苞片红色，鲜艳夺目，为人们喜爱的盆栽植物，常摆放于公园、商场、宾馆、办公场所等，是布置花坛的精品。

大麒麟

【科属名】大戟科大戟属

【学　名】*Euphorbia milii* 'Keysii'

　　本种为虎刺梅类园艺杂交种，与虎刺梅的主要区别是：叶更宽大，茎更粗大，花更大。

　　南安市少数乡镇可见栽培，多见于房前屋后或阳台。

霸王鞭

【科属名】大戟科大戟属

【学　名】*Euphorbia royleana* Boiss.

　　肉质灌木，具丰富的乳汁。茎上部具数个分枝；茎与分枝具5～7棱，每棱均有微隆起的棱脊。叶互生，倒披针形至匙形，基部渐窄，边缘全缘；托叶刺状，成对着生于叶迹两侧，宿存。花序二歧聚伞状着生于节间凹陷处，且常生于枝的顶部；花序基部具柄；总苞杯状，黄色；腺体5枚，暗黄色。花期5—7月。

　　原产于印度。南安市部分乡镇可见栽培，常用作绿篱或种植于庭院供观赏。全株有毒，慎接触。

麒麟掌

【科属名】大戟科大戟属

【学　名】*Euphorbia neriifolia* var. *Cristata*

【别　名】麒麟角

　　栽培变种，与原种金刚纂（*Euphorbia neriifolia* L.）的主要区别是：肉质茎变态成鸡冠状或扁平扇形。

　　原产于印度。南安市少数乡镇可见栽培。树形奇特，可种植于房前屋后或公园，别有一番风味；亦作盆栽。不耐寒，山区高海拔村庄不宜种植。

火殃簕（huǒ yāng lè）

【科属名】大戟科大戟属

【学　名】*Euphorbia antiquorum* L.

　　常绿肉质灌木。乳汁丰富；茎具 3 条薄而呈波浪形的翅，在翅的突起处有一对锐利的托叶刺，刺长 2～5 毫米，宿存。叶肉质，生于翅的凸起处，小而少，顶端浑圆，具小凸尖，边缘全缘，几乎无叶柄。大戟花序单生；总苞半圆形，黄色，顶端 4 裂，腺体 4 枚；雄花多数；雌花子房 3 室，花柱 3 枚。蒴果。花期 11 月。

　　原产于印度。南安市部分乡镇可见栽培，多见于房前屋后。

一品红

【科属名】大戟科大戟属

【学　名】*Euphorbia pulcherrima* Willd. ex Klotzsch

【别　名】圣诞花（闽南方言）、圣诞树

常绿灌木。茎光滑，具乳汁。单叶互生，纸质，卵状椭圆形至长椭圆形，边缘浅裂或浅波状或全缘，生于枝顶的叶片披针形，开花时呈朱红色。花单性，雌雄同株；花序多数聚伞状排列，顶生；总苞坛状，淡绿色，具1～2个大而呈黄色的杯状腺体；雄花多数；雌花1朵，花柱3枚。蒴果。花果期11月至翌年3月。

原产于墨西哥和中美洲。南安市各乡镇可见栽培，较常见。色彩红艳，布满枝头，可种植于房前屋后、公园等地供观赏。亦常作盆栽摆放于阳台，或用于布置会场、室外庆典等增加喜庆气氛。

红雀珊瑚

【科属名】大戟科红雀珊瑚属

【学　名】*Pedilanthus tithymaloides*（L.）Poit.

【别　名】扭曲草、洋珊瑚、拖鞋花

直立亚灌木。茎、枝肉质，粗壮，呈"之"字形扭曲。叶为单叶，互生，肉质，卵形或长卵形，嫩叶两面被短柔毛，边缘全缘。花单性，雌雄同株；聚伞花序，由一鞋状或舟状的总苞所包围，顶生或腋生，内含多数雄花和1朵雌花；雄花着生于总苞内，无花被，每花仅有雄蕊1枚；雌花单生于总苞中央而斜伸出于总苞之外。蒴果。

原产于美洲地区。南安市部分乡镇可见栽培，多见于房前屋后或阳台。

斑叶红雀珊瑚

【科属名】大戟科红雀珊瑚属
【学　名】*Pedilanthus tithymaloides* 'Variegata'
【别　名】龙凤木

　　园艺栽培种，与红雀珊瑚的主要区别是：叶边缘具不规则淡红色或黄白色斑块。

虎皮楠科 Daphniphyllaceae

虎皮楠

【科属名】虎皮楠科虎皮楠属
【学　名】*Daphniphyllum oldhamii*
　　　　　（Hemsl.）Rosenthal

　　常绿小乔木。单叶互生，薄革质，长圆形或长圆状披针形，顶端渐尖，边缘全缘，表面光滑呈绿色，背面粉白色。花单性，雌雄异株；总状花序，腋生；雄花序较短，花萼小，雄蕊7～10枚；雌花序较长，萼片4～6片，花柱2枚。核果卵形或椭圆形，微被白粉，宿存柱头2枚，外弯，萼片脱落或偶有残存。花期春至夏季，果期秋至冬季。

　　南安市翔云镇等少数乡镇可见，多生于疏林地或林缘。

牛耳枫

【科属名】虎皮楠科虎皮楠属

【学　名】*Daphniphyllum calycinum* Benth.

【别　名】南岭虎皮楠(《中国树木分类学》)

　　常绿灌木。单叶互生，厚纸质，椭圆状长圆形或倒卵形，顶端钝，具小尖头，边缘全缘，背面多少被白粉。花单性，雌雄异株；总状花序，腋生；雄花花萼近盘状，雄蕊9~10枚；雌花萼片3~4片，花柱2枚。核果卵形或椭圆形，被白粉，宿存柱头2枚，直立，萼片宿存。花期4—6月，果期8—11月。

　　南安市部分乡镇可见，多生于疏林地、沟谷、林缘的灌丛中。

黄杨科 Buxaceae

黄杨

【科属名】黄杨科黄杨属

【学　名】*Buxus sinica*（Rehder & E. H. Wilson）M. Cheng

【别　名】瓜子黄杨

　　常绿灌木或小乔木。小枝四棱形，被短柔毛。单叶对生，革质，倒卵形至阔倒卵形或椭圆形，长1.5~3厘米，宽0.8~2厘米，中部较宽，顶端常有浅凹口（有时圆或钝），边缘全缘；叶柄极短。花单性，雌雄同株或异株；头状花序，腋生兼顶生，花密集；无花瓣；雄花萼片4片，雄蕊常4枚（偶有6枚）；雌花萼片6片，花柱3枚。蒴果。花期2—5月。

　　原产于我国中部和北部。南安市部分乡镇可见栽培，多见于公园或庭院。木材材质坚硬致密，可作雕刻等用材。

雀舌黄杨

【科属名】黄杨科黄杨属
【学　名】*Buxus harlandii* Hance
【别　名】匙叶黄杨(《中国植物志》)、
　　　　　锦熟黄杨(《植物学大辞典》)

　　常绿灌木。分枝多,小枝四棱形,被短柔毛。单叶对生,薄革质,常匙形(偶有狭长圆形),长约2厘米,宽0.5~0.8厘米,顶端圆或钝或有浅凹口,边缘全缘;叶柄极短。花单性,雌雄同株或异株;头状花序,腋生兼顶生,花密集;无花瓣;雄花8~10朵,萼片阔卵形或阔椭圆形,雄蕊常4枚(偶有6枚);雌花萼片阔卵形,花柱直立。蒴果。花期2—3月。

　　原产于广东、福建等地。南安市部分乡镇可见栽培,多见于公园或庭院。叶形别致,蓊郁青翠,富有苍古之气,常作盆景,亦可作绿篱。

漆树科 Anacardiaceae

杧果(máng guǒ)

【科属名】漆树科杧果属
【学　名】*Mangifera indica* L.

　　常绿大乔木,高可达20米。单叶互生,革质,长圆形或长圆状披针形,边缘皱波状,两面无毛。花杂性;圆锥花序,顶生,花小,黄色或淡黄色;花瓣4~5片;仅1枚发育雄蕊。核果大,肾形,成熟时黄色。花期3~4月,果期5—6月,栽培种的花果期不一。

　　南安市各乡镇常见栽培,或已逸为野生。四季常绿,枝繁叶茂,树冠庞大,是很好的庭园树、遮荫树、行道树。当下,由于果实较少采收,大量落果造成市民出行不便,主城区道路绿化慎选作行道树。果实味美甜香,金黄诱人,为热带著名水果,除直接食用外,可制成果脯、果酱、饮料等。木材坚硬,可作造船、家具、建筑等用材。

黄连木

【科属名】漆树科黄连木属

【学　名】*Pistacia chinensis* Bunge

　　落叶乔木。嫩枝、嫩叶被疏柔毛。叶为奇数羽状复叶，互生，小叶5～8对，有香气；小叶对生或近对生，纸质，披针形或卵状披针形，基部严重偏斜，边缘全缘。花单性，雌雄异株；圆锥花序，腋生，花小，紫红色；花梗密被长柔毛；雄花序排列紧密，花被2～4片，雄蕊3～5枚；雌花序排列疏松，花被7～9片，花柱极短。核果扁球形，成熟时紫红色。花期2—4月，果期6—7月。

　　南安市洪梅镇、向阳乡等少数乡镇可见，多生于山地林中，已列入福建省第二批主要栽培珍贵树种名录。材质坚硬致密，可作家具、细木工等用材。

盐麸木

【科属名】漆树科盐麸木属

【学　名】*Rhus chinensis* Mill.

【别　名】五倍子树

　　落叶小乔木或灌木。叶为奇数羽状复叶，互生，小叶常3～6对，叶轴具宽的叶状翅；小叶对生，厚纸质，卵形或椭圆状卵形或长圆形，边缘具锯齿，背面被柔毛。花单性，雌雄异株；圆锥花序顶生，密被锈色柔毛；雄花序长于雌花序，花小，白色；雄花的雄蕊伸出；雌花的雄蕊极短，花柱3枚。核果扁球形，成熟时红色。花期8—9月，果期10—11月。

　　南安市各乡镇极常见，多生于林缘、路边、溪谷、荒野或疏林地中。果实味道咸酸，可泡水饮用。

　　盐麸木是五倍子蚜虫的寄主植物，在幼枝和叶上形成虫瘿，即五倍子，故又名"五倍子树"。

木蜡树

【科属名】漆树科漆树属

【学　名】*Toxicodendron sylvestre*
（Sieb. et Zucc.）O. Kuntze

【别　名】野毛漆

　　落叶乔木或小乔木。幼枝、顶芽、叶柄及花序均密被黄褐色绒毛。叶为奇数羽状复叶，互生，小叶常3～6对；小叶对生，纸质，卵形至长圆形，边缘全缘，背面密被柔毛。花单性，雌雄异株；圆锥花序腋生，长不超过叶长的一半；花小，密集，淡黄色。核果偏斜，压扁。花果期5—11月，边开花边结果。

　　南安市部分乡镇可见，多生于林缘或山地路边。木材较耐腐，可作家具、农具、细木工等用材。

野漆

【科属名】漆树科漆树属

【学　名】*Toxicodendron succedaneum*
（L.）O. Kuntze

　　落叶乔木或小乔木。植株各部分均无毛。叶为一回奇数羽状复叶，互生，常集生于小枝顶端，有小叶4～7对；小叶对生，坚纸质，长圆状椭圆形或卵状披针形，边缘全缘。花单性，雌雄异株；圆锥花序腋生，花黄绿色；花萼裂片阔卵形；花瓣长圆形。核果大，偏斜，压扁，有光泽。花期4—5月，果期7—8月。

　　南安市各乡镇极常见，多生于林缘、路边、旷野、疏林地中。种子油可制皂或油漆。木材坚硬致密，可作细木工用材。漆过敏者慎接触。

人面子

【科属名】漆树科人面子属

【学　名】*Dracontomelon duperreanum*
　　　　　Pierre

【别　名】人面树(《中国树木分类学》)

　　常绿大乔木，高可达20米。叶为一回羽状复叶，互生，有小叶5～8对；小叶互生，厚纸质，长圆形，自下而上逐渐增大，边缘全缘。花两性；圆锥花序顶生或腋生，花白色；花萼5裂；花瓣5片，雄蕊10枚。核果扁球形，成熟时黄色，果核压扁。花期4—5月，果期8—9月。

　　原产于广东、广西等地。南安市部分乡镇可见栽培，多见于道路两侧、公园或校园。树干通直，树形优美，叶色翠绿，是优良的庭园树、"四旁"树和行道树。果肉入药，有醒酒解毒的功效。木材可供建筑、家具等用材。

南酸枣

【科属名】漆树科南酸枣属

【学　名】*Choerospondias axillaris*
　　　　　(Roxb.)Burtt et Hill

　　落叶乔木。树皮片状剥落；小枝具皮孔。叶为一回奇数羽状复叶，互生，有小叶3～6对；小叶对生，纸质，卵形至卵状长圆形，边缘全缘或呈波状，两面无毛。花单性（雌雄异株）或杂性；雄花为聚伞状圆锥花序，顶生或腋生；雌花单生于上部叶腋；花萼5片；花瓣5片；雄蕊10枚。核果椭圆形，成熟时黄色；果核椭圆形，不压扁，顶端具5个小孔。花期3—4月，果期8—9月。

　　南酸枣已列入福建省第一批主要栽培珍贵树种名录。南安市部分乡镇可见，多生于林缘、疏林地中。生长迅速、适应性强，可培育作速生造林树种。果实酸甜，可生食、酿酒或制作酸枣糕。树皮和果核入药，外用可治烧伤或烫伤。木材可作碗、花瓶等多种木质工艺品。

冬青科 Aquifoliaceae

铁冬青

【科属名】冬青科冬青属

【学　名】*Ilex rotunda* Thunb.

【别　名】红果冬青、救必应(《中国药典》)

常绿乔木,高可达20米。单叶互生,薄革质或纸质,椭圆形或倒卵状椭圆形,先端急尖或圆,边缘全缘,两面无毛,背面无腺点。花单性,雌雄异株;伞形花序单生于叶腋;雄花序有花5~26朵,雌花序有花3~7朵;花白色,基数为4~7。核果近球形,成熟时红色。花期4—5月,果期9月至翌年2月。

南安市部分乡镇可见,野生或栽培,多生于山坡常绿阔叶林中、林缘、村庄,或见于公路、公园等绿地。叶色翠绿,红果累累,红绿相间,令人赏心悦目,是优良的观果植物,可作行道树、庭园树、风景树。叶和树皮入药,有清热利湿、消炎解毒、消肿镇痛的功效。木材可作细木工用材。

冬青

【科属名】冬青科冬青属

【学　名】*Ilex chinensis* Sims

常绿乔木。当年生小枝具棱,无毛。单叶互生,薄革质,椭圆形、长圆状椭圆形或卵状披针形,先端渐尖,边缘疏生细圆齿,两面无毛,背面无腺点。花单性,雌雄异株;聚伞花序单生于叶腋,花紫红色,基数为4~5。核果椭圆形,成熟时红色。花期4—6月,果期8—12月。

南安市乐峰镇等少数乡镇可见,多生于山坡常绿阔叶林中。园林用途上可栽培作庭园观赏树。根、枝叶、果实入药,有较强的杀菌作用。木材坚韧,可作雕刻、玩具、工具柄等用材。

三花冬青

【科属名】冬青科冬青属

【学　名】*Ilex triflora* Bl.

常绿灌木或小乔木。幼枝具棱沟。单叶互生，薄革质，椭圆形或长圆状卵形，边缘具细锯齿，顶端短渐尖，背面疏被短柔毛，具腺点。花单性，雌雄异株；雄花每枝 1～3 朵排成聚伞花序；雌花每枝为单生花，1～5 朵簇生于叶腋；花白色或淡红色，4 基数。核果球形，成熟后黑色，宿存柱头厚盘状。花期 4—7 月，果期 8—11 月。

南安市部分乡镇可见，多生于疏林地或山地阔叶林中。

黄杨叶冬青

【科属名】冬青科冬青属

【学　名】*Ilex buxoides* S. Y. Hu

常绿灌木或小乔木。幼枝密生短柔毛。单叶互生，革质，椭圆形或倒卵状椭圆形，顶端常微凹，边缘全缘，中脉在表面凹陷，背面具腺点。花单性，雌雄异株；雌雄花序为腋生的簇生花序；雄花序每枝为 1～3 花的聚伞花序；雌花序每枝为单生花；花白色，4 基数。核果球形。花期 4—5 月，果期 7—10 月。

南安市翔云镇等少数乡镇可见，多生于海拔 800 米以上的疏林地中。

毛冬青

【科属名】冬青科冬青属

【学　名】*Ilex pubescens* Hook. et Arn.

　　常绿灌木或小乔木。幼枝、叶两面、叶柄、花序密被粗毛，小枝四棱形。单叶互生，纸质，椭圆形或长卵形，边缘疏生芒尖细锯齿。花单性，雌雄异株；花序簇生于叶腋；雄花序每枝为1～3花的聚伞花序；雌花序每枝为单生花；花淡紫色，6～8基数。核果球形，成熟时红色，宿存柱头头状。花期5月，果期8—10月。

　　南安市部分乡镇可见，多生于林下、林缘、疏林地、山地路边的灌丛中。

梅叶冬青

【科属名】冬青科冬青属

【学　名】*Ilex asprella*（Hook. et Arn.）
　　　　　Champ. ex Benth.

【别　名】秤星树（《中国高等植物图鉴》）

　　落叶灌木。具长枝和短枝，疏生白色皮孔。单叶互生，膜质，卵形或卵状椭圆形，先端渐尖或尾状渐尖，边缘具细锯齿，两面无毛。花单性，雌雄异株；雄花1～3朵簇生于叶腋；雌花单生，花梗细长（长可达3厘米）；花白色，5～7基数。核果球形，成熟时黑色。花期3—4月，果期6—10月。

　　南安市各乡镇常见，多生于林下、疏林地、山地路旁的灌丛中。根、茎、枝叶入药，是常用特色药材，有清热解毒、消肿散瘀的功效。

卫矛科 Celastraceae

青江藤

【科属名】卫矛科南蛇藤属
【学　名】*Celastrus hindsii* Benth.

　　常绿藤状灌木。小枝无明显皮孔。单叶互生，革质，长圆形或倒卵状长圆形，顶端尾状渐尖或急尖，边缘疏生细锯齿。花雌雄异株或杂性；聚伞花序腋生或总状花序排列于小枝上，花绿白色，花下有关节；花萼杯状，5裂；花瓣5片；雄蕊5枚。蒴果近圆形，3瓣裂，种子的假种皮橙红色。花期5—7月，果期7—10月。

　　南安市康美镇等少数乡镇可见，多生于林下的灌丛中。

过山枫

【科属名】卫矛科南蛇藤属
【学　名】*Celastrus aculeatus* Merr.
【别　名】穿山龙

　　落叶藤状灌木。小枝密生皮孔；冬芽有时坚硬成刺状。单叶互生，纸质，椭圆形或卵状椭圆形，边缘疏生浅细锯齿（接近叶基部常全缘），两面无毛；叶柄有狭沟。花雌雄异株或杂性；聚伞花序腋生，花绿色；花萼杯状，5深裂；花瓣5片；雄蕊5枚。蒴果球形，3~4瓣裂，种子的假种皮橙红色。花期3月，果期5—11月。

　　南安市部分乡镇可见，多生于山地路旁、溪谷岸边、林缘的灌丛中。

省沽油科 Staphyleaceae

锐尖山香圆

【科属名】省沽油科（shěng gū yóu kē）
　　　　　山香圆属
【学　名】*Turpinia arguta*（Lindl.）Seem.
【别　名】锐齿山香圆（《福建植物志》）

　　落叶灌木。单叶对生，厚纸质，椭圆形、长圆形至长椭圆状披针形，长7~27厘米，宽2~8厘米，边缘具锯齿，背面被柔毛；叶柄两端膨大。花两性；总状或聚伞花序式排成圆锥状，顶生，花白色或淡紫红色；花萼5片；花瓣5片，与萼片近同形；雄蕊5枚。果为浆果状，近球形，成熟时红色。

　　南安市眉山乡等少数乡镇可见，生于山沟灌木丛中。

无患子科 Sapindaceae

鸡爪槭（jī zhǎo qì）

【科属名】无患子科槭属
【学　名】*Acer palmatum* Thunb.
【别　名】七角枫

　　落叶小乔木。单叶对生，纸质，整体近圆形，5~9掌状分裂（常7裂），裂片卵状披针形或披针形，深度约达叶片长度的2/3，边缘具锐锯齿；叶柄细长（可达6厘米）。花杂性，同株；伞房花序，花紫红色；萼片5片；花瓣5片；雄蕊8枚。翅果张开成钝角。花期4—5月，果期8—9月。

　　原产于我国贵州、湖南等地。南安市部分乡镇可见栽培。入秋后叶色变红，鲜艳如花，灿烂如霞，风姿绰约，为优良的观叶树种。园林用途十分广泛，可种植于河畔溪畔、池塘边、墙角、公路边等绿地供观赏。耐严寒，山区乡镇高海拔村庄适宜种植。

红枫

【科属名】无患子科槭属

【学　名】*Acer palmatum* 'Atropurpureum'

【别　名】红鸡爪槭

　　栽培变型种，与鸡爪槭的主要区别是：①鸡爪槭的叶秋季至早春时为红色，其余时间为绿色；红枫的叶常年为红色或紫红色。②鸡爪槭叶的裂片深度约达叶片长度的 2/3，没有深达基部；红枫的叶裂片深达基部。

中华槭（zhōng huá qì）

【科属名】无患子科槭属

【学　名】*Acer sinense* Pax

【别　名】华槭（《植物分类学报》）、丫角树（《中国树木分类学》）

　　落叶小乔木。树皮平滑；小枝细，无毛。单叶对生，厚纸质，常 5 裂，裂片长圆状卵形，边缘近基部以上具细锯齿，背面脉腋具簇毛。花杂性，同株；圆锥花序顶生；萼片 5 片；花瓣 5 片；雄蕊 5～8 枚。翅果张开成锐角或近直角。花期 5 月，果期 9 月。

　　南安市罗山国有林场等少数地方可见，多生于混交林中。

五裂槭（wǔ liè qì）

【科属名】无患子科槭属

【学　名】*Acer oliverianum* Pax

　　落叶小乔木。单叶对生，纸质，常5裂，裂片深达叶片的1/3或1/2，边缘具细锯齿，叶脉和叶柄无毛。花杂性，同株；伞房花序，花与叶同时开放；花瓣5片，白色。翅果近水平张开。花期3月，果期5月。

　　南安市翔云镇等少数乡镇可见栽培，见于房前屋后。

红花槭（hóng huā qì）

【科属名】无患子科槭属

【学　名】*Acer rubrum* L.

【别　名】美国红枫

　　落叶大乔木，高可达30米。茎干光滑，具皮孔。单叶对生，集生于枝顶，纸质，手掌状，多分裂（裂片深浅不一），边缘具疏锯齿，幼叶略带淡红色，春夏绿色，秋季红色。未见开花。

　　原产于美国和加拿大。南安市少数公园、景区可见栽培。树干通直，秋叶红色，极为绚丽，是世界著名的观叶树种。由于受土壤、气候等因素的影响较大，南安市引种后秋叶不够火红且落叶时间较长，不建议作为行道树和大面积种植，适宜作庭院、公园、风景区造景。不耐盐碱，水头镇、石井镇沿海村庄不宜种植。

无患子

【科属名】无患子科无患子属

【学　名】*Sapindus saponaria* Linnaeus

【别　名】木患子(《本草纲目》)

　　落叶大乔木，高可达20米。羽状复叶，连叶柄长可达45厘米或更长，有小叶5～8对，叶轴上面两侧具直槽；小叶纸质，常近对生，卵状披针形至椭圆状披针形，两面无毛(有时背面被微柔毛)。花常两性；圆锥花序，顶生，多分枝，花淡黄绿色；萼片5片；花瓣5片；雄蕊8枚。果为肉质核果，圆球形，成熟时黄色或橙黄色。花期春季，果期夏秋。

　　原产于我国长江流域以南、中南半岛、印度和日本。南安市丰州镇等少数乡镇可见栽培，多见于山地林中。早期在农村很常见，目前所剩无几。树形高大，树冠稠密，秋季果实金黄，冬季树叶变黄，是优良的观叶和观果树种，可作"四旁"树、庭园树、行道树。果皮含有皂素，古早时民间常将果皮代替肥皂，用于洗涤。根和果入药，有小毒，有清热解毒、化痰止咳的功效。木材质地软，可作箱板和木梳等用材。

　　民间传说，无患子树的木材制成的木棒可以驱魔杀鬼，故得名"无患"。

龙眼

【科属名】无患子科龙眼属

【学　名】*Dimocarpus longan* Lour.

【别　名】桂圆

　　常绿乔木。叶为偶数羽状复叶，互生，有小叶3～6对；小叶近对生或互生，革质，长圆形至长圆状披针形，基部两侧不对称，边缘全缘，两面无毛。花杂性；圆锥花序顶生或腋生，密被星状柔毛；花萼和花瓣均为5片，乳白色。核果近球形，土黄色。花期4—5月，果期8月。

　　著名亚热带水果之一，栽培历史悠久，南安市各乡镇极常见，或已逸为野生。果肉晶莹剔透，清甜爽口，可鲜食、晒(烘)干、浸酒或制罐，有补虚益智、开胃健脾的功效。花多，为重要的蜜源植物。木材坚实，耐水湿，是造船、家具、细木工等优良用材。

　　南安市栽培的品种有"福眼""早白""赤壳""蕉眼"等，其中"福眼"占的比重最大。20世纪90年代中后期，南安市大力推广龙眼种植，面积和产量极速增长，1997年被命名为"中国龙眼之乡"，名噪一时。

荔枝

【科属名】无患子科荔枝属
【学　名】*Litchi chinensis* Sonn.

常绿乔木。叶为偶数羽状复叶，互生，小叶常 2～3 对（稀 4 对）；小叶薄革质，卵状披针形至长椭圆状披针形，边缘全缘，两面无毛。花单性，雌雄同株；聚伞圆锥花序顶生或腋生，多分枝；雄花的雄蕊常 6～8 枚，伸出；雌花的子房有短柄，2～3 裂。核果卵圆形，具小瘤状凸体，成熟时鲜红色。花期 3—4 月，果期 6—7 月。

南安市各乡镇均有栽培，为著名果树，诗山镇、码头镇上百年的古荔枝树不胜枚举。果肉清甜，可鲜食、晒（烘）干、浸酒或制罐，是人们十分喜爱的水果之一。花多，为重要的蜜源植物。木材坚实，纹理美观，是上等家具、雕刻用材。

荔枝栽培历史悠久，品种众多，主要有"陈紫"、"挂绿"、"黑叶"、"糯米糍"、"状元红"、"妃子笑"、"桂味"及"兰竹"等。南安市以"状元红""黑叶"品种居多。"一骑红尘妃子笑，无人知是荔枝来。"（杜牧《过华清宫绝句三首·其一》）传说当年唐明皇为博得杨贵妃一笑，千里送的荔枝就是"妃子笑"。

关于福建荔枝的本源、品种、佳品、栽培管理以及果脯的制法等，北宋文学家蔡襄在《荔枝谱》（分为七篇）中有比较详细的记载，是研究泉州荔枝史不可多得的宝贵资料。

车桑子

【科属名】无患子科车桑子属
【学　名】*Dodonaea viscosa*（L.）Jacq.
【别　名】坡柳

常绿灌木或小乔木。枝、叶和花序有黏液。叶为单叶，互生，纸质，线状披针形，边缘全缘或呈不明显的浅波状，两面无毛。花单性，雌雄异株；花序顶生或腋生，比叶短；萼片 4 片；无花瓣；雄蕊 7 枚或 8 枚。蒴果扁球形，具膜质翅，成熟时黑褐色。花期 6 月，果期冬季。

南安市各乡镇常见，多生于干旱山坡、荒野、海边沙土、石头山的石缝隙中。极耐干旱，萌芽力强，根系发达，有丛生习性，是良好的水土保持和矿山修复绿化树种。全株具微毒。

台湾栾树（tái wān luán shù）

【科属名】无患子科栾属

【学　名】*Koelreuteria elegans* subsp. *formosana*
（Hayata）Meyer

　　落叶乔木，高可达 15 米。小枝具棱，被短柔毛。叶为二回羽状复叶，有小叶 5~13 片；小叶坚纸质，卵形至长圆状卵形，基部极偏斜，边缘具锯齿或中部以下近全缘。花杂性，同株或异株；圆锥花序顶生，花黄色；花萼 5 片；花瓣 5 片；雄蕊 7~8 枚。蒴果膨胀，椭圆形；种子球形。花期 8—11 月，果期 11—12 月。

　　原产于我国台湾。南安市部分乡镇可见栽培，多见于道路两侧、公园或庭院。黄花满树，熠熠生辉，可作行道树或庭园树。较耐寒，抗风性强，山区和沿海乡镇均可引种。木材质脆易开裂，可作板材用材。

清风藤科 Sabiaceae

笔罗子

【科属名】清风藤科泡花树属

【学　名】*Meliosma rigida* Sieb. et Zucc.

【别　名】野枇杷

　　常绿小乔木。芽、幼枝、叶、叶柄、花序均被锈色短绒毛。单叶互生，革质，倒披针形，边缘具锐尖锯齿或中部以下全缘，叶基部不下延；叶柄基部膨大呈棒头状。花两性；圆锥花序顶生，花直径 3~4 毫米。核果球形。花期夏季，果期 9—10 月。

　　南安市部分乡镇可见，多生于林缘或山地林下。木材质地坚硬，可作农具柄、扁担竿等用材。

香皮树

【科属名】清风藤科泡花树属

【学　名】*Meliosma fordii* Hemsl.

【别　名】辛氏泡花树（《植物分类学报》）

常绿乔木。小枝、叶、叶柄及花序被褐色柔毛。单叶互生，薄革质，倒披针形或披针形，叶基稍下延，边缘全缘或近顶部有数个锯齿，中脉及侧脉在叶背隆起。花两性；圆锥花序顶生或近顶生，花小（直径 1～1.5 毫米）；萼片 4 片；花瓣 5 片。核果近球形。花期 5—7 月，果期 8—10 月。

南安市翔云镇等少数乡镇可见，多生于疏林地。木材材质较差。

鼠李科 Rhamnaceae

多花勾儿茶

【科属名】鼠李科勾儿茶属

【学　名】*Berchemia floribunda*（wall.）Brongn. Schneid.

藤状或攀援灌木。单叶互生，纸质，卵状椭圆形或卵状矩圆形，长 5～10 厘米，宽 3～4.5 厘米，顶端圆形或钝，常有小尖头，侧脉明显，几乎平行；叶柄纤细，带紫红色。聚伞状圆锥花序（有时为短总状花序）腋生或顶生，花小、黄红色或淡绿色。果长圆形，成熟时紫色或红色。花期 7—10 月，果期翌年 4—7 月。

南安市部分乡镇可见，多生于山坡、沟谷灌丛或杂木林中。根入药，有祛风除湿、散瘀消肿、止痛的功效。

长叶冻绿

【科属名】鼠李科裸芽鼠李属

【学　名】*Rhamnus crenata* Sieb. et Zucc.

　　落叶灌木或小乔木。幼枝带红色，小枝被柔毛，无刺。单叶互生，纸质，倒卵状椭圆形、椭圆形或倒卵形，边缘具细锯齿，背面脉上疏被柔毛。叶柄密被柔毛。花两性；聚伞花序腋生，花小，密集；花萼5裂；花瓣5片，淡绿色；雄蕊5枚。核果球形，成熟时紫黑色。花期5—7月，果期8—10月。

　　南安市部分乡镇可见，多生于疏林地或林下。全株有毒。民间常用根、皮煎水或浸醋洗，可治顽癣或疥疮；果实和叶含黄色素，可作黄色染料。

雀梅藤

【科属名】鼠李科雀梅藤属

【学　名】*Sageretia thea*（Osbeck）Johnst.

　　藤状或直立灌木。具粗壮的枝刺。单叶互生（偶有近对生），纸质，椭圆形、长圆形或卵状椭圆形，长1~4.5厘米，宽0.7~2.5厘米，边缘具细锯齿。花两性；穗状圆锥花序顶生或腋生，花小，黄色，无花梗；花萼、花瓣各5片；雄蕊5枚。核果近圆球形，成熟时紫黑色。花期7—9月，果期翌年3—5月。

　　南安市部分乡镇可见，多生于林缘、路边、疏林地或荒野。果实味酸，可食。

青枣

【科属名】鼠李科枣属

【学　名】*Ziziphus mauritiana* Lam.

【别　名】台湾青枣

　　常绿乔木或灌木。幼枝被绒毛。单叶互生，厚纸质，卵形至矩圆状椭圆形，顶端常圆形，边缘具细锯齿，背面被灰黄色绒毛，基生三出脉；具2个托叶刺，长刺直伸，短刺钩状下弯。花两性；聚伞花序腋生，花小，绿黄色，花梗被绒毛；萼片5片，卵状三角形，外面被绒毛；花瓣5片，矩圆状匙形；雄蕊5枚。核果椭圆形，成熟时黄红色。花期10—11月，果期12月至翌年1月。

　　南安市部分乡镇可见栽培，多见于房前屋后、村庄闲杂地或公园。果实清甜，可食用。木材坚硬致密，可作家具或工业等用材。

枳椇（zhǐ jǔ）

【科属名】鼠李科枳椇属

【学　名】*Hovenia acerba* Lindl.

【别　名】拐枣(《救荒本草》)、
　　　　　鸡爪子(《本草纲目》)、
　　　　　万字果(闽南方言)

　　落叶大乔木，高可达25米。叶互生，厚纸质至纸质，宽卵形或椭圆状卵形，边缘常具细锯齿，基生三出脉，背面沿脉或脉腋常被短柔毛或无毛；叶柄长可达5厘米，无毛。花两性；二歧式聚伞圆锥花序顶生和腋生；花瓣白色，椭圆状匙形，具短爪。核果近球形，成熟时黄褐色，果序轴明显膨大。花期5—6月，果期8—10月。

　　南安市蓬华镇、诗山镇等少数乡镇有零星栽培，见于房前屋后。果序轴肉质肥厚，可生食，民间常用来浸酒，有治风湿的功效。木材细致坚硬，可作建筑、细木工等用材。

葡萄科 Vitaceae

葡萄

【科属名】葡萄科葡萄属

【学　名】*Vitis vinifera* L.

【别　名】草龙珠(《本草纲目》)

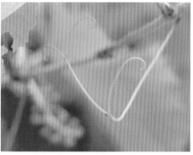

　　落叶木质藤本。卷须分叉，每隔 2 节间断与叶对生。叶互生，纸质，卵圆形，常 3～5 浅裂，边缘有粗大锯齿。花两性；圆锥花序大而长，花小，黄绿色；花瓣 5 片；雄蕊 5 枚。浆果近球形或椭圆形，成熟时紫色。花期 4—5 月，果期 8—9 月。

　　原产于亚洲西部。南安市各乡镇均有栽培。味美香甜，可生食或制葡萄干或酿酒，是世界著名水果。

华东葡萄

【科属名】葡萄科葡萄属

【学　名】*Vitis pseudoreticulata* W. T. Wang

　　木质藤本。嫩枝、叶柄、卷须、花序疏被蛛丝状绒毛（后变无毛）；卷须二分叉。单叶互生，草质，心形、心状五角形或肾形，基部心形，基缺凹成圆形或钝角，背面脉上疏被蛛丝状绒毛，边缘有小锯齿。圆锥花序，花小，绿色；花萼盘状；花瓣 5 片。浆果近球形。花期 4—6 月，果期 6—10 月。

　　南安市眉山乡等少数乡镇可见，生于疏林地中，攀附于其他树上。

地锦

【科属名】葡萄科地锦属

【学　名】*Parthenocissus tricuspidata*（Sieb. & Zucc.）Planch.

【别　名】爬山虎（《经济植物手册》）、土鼓藤（《植物名实图考》）

　　落叶攀援灌木。卷须顶端膨大呈圆珠形，附着时扩大成吸盘。叶为单叶，互生，纸质，顶端常3浅裂（幼枝上的叶常不分裂），边缘具粗锯齿。花两性；聚伞花序；花瓣5片，黄绿色。浆果球形，成熟时蓝黑色。花期5—6月，果期9—10月。

　　南安市部分乡镇可见，栽培或野生，多见于攀援在墙壁上、水泥柱上、树上或岩石上，常作垂直绿化植物。

异叶爬山虎

【科属名】葡萄科地锦属

【学　名】*Parthenocissus heterophylla*（Bl.）Merr.

【别　名】爬墙虎

　　落叶攀援灌木。卷须顶端膨大呈圆珠形，附着时扩大成吸盘。叶互生，厚纸质，异形（营养枝上叶常为单叶，老枝上或花枝上的叶常为三出复叶），边缘具疏浅锯齿或锐尖或全缘。花两性；伞房状聚伞花序；花瓣5片，淡绿色。浆果球形，成熟时紫黑色，外被白粉。花期5—7月，果期8—10月。

　　南安市各乡镇常见，栽培或野生，多攀援在墙壁上、水泥柱上、树上或岩石上。秋季，叶色红艳美丽，极具观赏价值，常作垂直绿化植物。

广东蛇葡萄

【科属名】葡萄科蛇葡萄属

【学　名】*Ampelopsis cantoniensis*（Hook.
　　　　& Arn.）Planch.

　　木质藤本。叶为一回或二回羽状复叶，一回羽状复叶有小叶 3~7 片，二回羽状复叶有小叶 9~13 片；小叶互生，薄革质，卵形、椭圆形或长椭圆形，边缘具钝齿，背面具白粉和疏毛。花两性；伞房状多歧聚伞花序，与叶对生；花瓣 5 片，淡绿色；雄蕊 5 枚；花盘发达，浅杯状。浆果近球形，成熟时红色至紫黑色。花期 5—7 月，果期 9—11 月。

　　南安市部分乡镇可见，多生于林缘、山地路边，攀援于其他树上。

扁担藤

【科属名】葡萄科崖爬藤属

【学　名】*Tetrastigma planicaule*（Hook.）Gagnep.

　　木质大藤本。全株无毛；茎呈带状压扁；卷须不分叉，相隔 2 节间断与叶对生。叶为掌状复叶，互生，有小叶 5 片；小叶厚纸质，长圆状披针形或倒卵状长圆形，脉在背面隆起，边缘具疏的细小锯齿。花单性或杂性异株；复伞形聚伞花序，腋生；花瓣 4 片；雄蕊 4 枚。浆果近球形。花期 4—5 月，果期 8—11 月。

　　南安市英都镇等少数乡镇可见，生于林中，攀附于其他树上。

大叶乌蔹莓

【科属名】葡萄科拟乌蔹莓属

【学　名】*Pseudocayratia dichromocarpa*（H.Lév.）J.Wen & Z.D.Chen

【别　名】异果拟乌蔹莓（《中国植物志》）、白毛乌蔹莓

　　半木质藤本。小枝具纵棱纹，被柔毛；卷须三分叉，相隔2节间断与叶对生。叶为鸟足状复叶，互生，有小叶5片，中央的小叶较大（长可达15厘米），侧生小叶较小；小叶狭卵形或长圆状卵形，顶端渐尖或长渐尖，边缘具钝齿。花两性；伞房状多歧聚伞花序，腋生；花瓣4片；雄蕊4枚。浆果近球形。花期5—6月，果期7—8月。

　　南安市眉山乡等少数乡镇可见，生于林缘灌丛中。

杜英科 Elaeocarpaceae

水石榕

【科属名】杜英科杜英属

【学　名】*Elaeocarpus hainanensis* Oliver

【别　名】海南胆八树、海南杜英

　　常绿小乔木。单叶互生，革质，狭披针形，边缘具小钝齿，嫩叶两面被柔毛（成长叶无毛）。花两性；总状花序腋生，下垂；花瓣白色，先端撕裂成流苏状；雄蕊多数，药隔突出成芒刺状。核果纺锤形，光滑无毛。花期5—6月，果期7—8月。

　　原产于海南、广西等地。南安市部分乡镇可见栽培。四季常绿，花色洁白，淡雅芬芳，可种植于住房小区、厂区、学校、公园等绿地供观赏。

日本杜英

【科属名】杜英科杜英属

【学　名】*Elaeocarpus japonicus* Sieb. et Zucc.

【别　名】薯豆(《福建植物志》)

常绿乔木。单叶互生，革质，椭圆形或椭圆状长圆形，顶端渐尖，边缘有锯齿，成长叶两面无毛(嫩叶疏生柔毛)；叶柄长3~6厘米，顶端稍膨大。花杂性；总状花序腋生，淡绿色；萼片与花瓣近等长，均密被微柔毛。核果。花期4—5月，果期7—8月。

南安市部分乡镇可见，多生于山地林中。木材可作家具用材，也是栽培香菇的理想材料。

山杜英

【科属名】杜英科杜英属

【学　名】*Elaeocarpus sylvestris* (Lour.) Poir.

常绿乔木。单叶互生，纸质，狭倒卵形至倒卵状披针形，边缘具钝锯齿，成长叶两面无毛。花两性；总状花序腋生或生于枝顶的叶痕的腋部，花序轴纤细，花淡绿白色；萼片外面密生短柔毛；花瓣顶端有8~14条流苏状细裂；雄蕊多数。核果椭圆形，长不超过1.5厘米，成熟时暗紫色。

速生乡土阔叶树种，南安市部分乡镇可见，多生于山地阔叶林、疏林地中。生长快速，适应性强，寒冬时节又有红叶与绿叶相间，摇曳多姿，风景独特，可作庭园树、行道树和村庄"四旁"树，亦是良好的山上造林树种。木材可作家具、火柴杆、造纸等用材，也是栽培香菇的理想材料。

大叶杜英

【科属名】杜英科杜英属

【学　名】*Elaeocarpus balansae* A. DC.

　　常绿乔木，高可达 15 米。小枝粗大，具板根。单叶互生，常聚生于枝顶，革质，椭圆状倒披针形，基部心形，边缘有浅锯齿。花两性；总状花序腋生；花瓣白色，5 片，上半部撕裂成流苏状。核果纺锤形，被微柔毛。花期 4—5 月，果期 6—8 月。

　　原产于云南等地。南安市部分乡镇可见栽培。树冠塔形，层层叠翠，花白芳香，可种植于村庄、公园、住房小区、厂区等绿地供观赏。

猴欢喜

【科属名】杜英科猴欢喜属

【学　名】*Sloanea sinensis*（Hance）Hemsl.

　　常绿乔木，高可达 20 米。单叶互生，厚纸质，倒卵状椭圆形至椭圆状长圆形，边缘常全缘（稀上部有数个浅锯齿），两面无毛。花两性；花数朵簇生于枝顶叶腋，花淡绿色；花萼 4 片，卵形；花瓣上部浅裂，裂齿卵状三角形；雄蕊多数。蒴果球形，密被长尖刺和刺毛。花期 9—10 月，果成熟期翌年 6—9 月。

　　南安市翔云镇、眉山乡等少数乡镇可见，多生于海拔 500～1000 米的村庄内或山地常绿阔叶林中。木材硬度适中，可作建筑、家具等用材，亦是栽培香菇等食用菌的优良材料。

锦葵科 Malvaceae

肖梵天花

【科属名】锦葵科梵天花属

【学　名】*Urena lobata* L.

【别　名】地桃花(《中国植物志》)、
拦路虎(闽南方言)

　　直立多分枝亚灌木。全株被星状毛。单叶互生，厚纸质，阔三角形(生于小枝上部的叶长圆形至披针形)，不裂，边缘具锯齿；托叶线形，早落。花两性；花单生或2~3朵簇生于叶腋，粉红色；花瓣5片；雄蕊柱长约15毫米。果扁球形，分果爿被星状短柔毛和锚状刺。花果期7—12月，边开花边结果。

　　南安市各乡镇常见，多生于旷野、路边、村庄闲杂地、山坡的灌丛中。

梵天花 (fàn tiān huā)

【科属名】锦葵科梵天花属

【学　名】*Urena procumbens* L.

【别　名】狗脚迹

　　小灌木。全株被星状毛。单叶互生，厚纸质，边缘具锯齿；小枝下部的叶常3~5深裂，裂口深至近中部或以下；小枝中部的叶倒卵形；小枝上部的叶仅浅裂呈葫芦形。花两性；花单生或2~3朵簇生于叶腋，粉红色；花瓣5片。果近球形，分果爿被星状短柔毛和锚状刺。花果期7—12月，边开花边结果。

　　南安市各乡镇可见，多生于旷野、路边、村庄闲杂地、山坡的灌丛中。

垂花悬铃花

【科属名】锦葵科悬铃花属

【学　名】*Malvaviscus penduliflorus* Candolle

　　常绿灌木。单叶互生，纸质，卵形至卵状披针形，常不分裂，基部阔楔形至近圆形，边缘具钝齿。花大（长可达 6 厘米），单生于叶腋；花冠红色，不张开，下垂。花期几乎全年，未见结果。

　　原产于墨西哥等美洲国家。南安市部分乡镇可见栽培，多见于庭院、公园或住房小区。

黄槿（huáng jǐn）

【科属名】锦葵科黄槿属

【学　名】*Talipariti tiliaceum*（L.）Fryxell.

【别　名】劳动树（闽南方言）

　　常绿乔木，高可达 10 米。枝条上具环状托叶痕。单叶互生，革质，近圆形或广卵形，基部心形，边缘常全缘，两面被星状毛。花两性；花单生或数朵排成总状花序，顶生或腋生，黄色；小苞片 7～10 片；花萼宿存；花瓣 5 片。蒴果卵圆形。花果期6—10 月。

　　南安市部分乡镇可见栽培。生长快，具深根性，抗风力强，耐水湿，耐盐碱，是海岸线营造防风固沙林和水土保持林的优良树种。木材坚硬致密，可作建筑、造船、家具等用材。闽南人称黄槿的叶为"劳动叶"，用来包裹糯米糕点，味道清香。

朱槿

【科属名】锦葵科木槿属

【学　名】*Hibiscus rosa-sinensis* L.

【别　名】扶桑(《本草纲目》)、大红花

　　常绿灌木，高可达3米。单叶互生，厚纸质，阔卵形或长卵形，不分裂或稀有缺刻，边缘具粗大锯齿。花单生于上部叶腋，红色或淡红色，常下垂；花萼钟状，5裂；花瓣5片，顶端圆或具疏圆齿；雄蕊柱伸出花冠外。花期几乎全年，未见结果。

　　南安市各乡镇均有栽培。花期很长，花大色艳，四季常青，是园林绿化常用的观花树种之一。强阳性植物，在半阴条件下亦能生长，但开花量少，观赏效果差。耐修剪，萌发力强，可作绿篱、绿带树种。不耐寒，山区乡镇高海拔村庄不宜种植。

　　朱槿是广西壮族自治区南宁市和广东省茂名市的市花。

重瓣朱槿

【科属名】锦葵科木槿属

【学　名】*Hibiscus rosa-sinensis* var. *rubro-plenus* Sweet

　　常见的园林栽培变种，与朱槿的主要区别是：花重瓣。花色繁多，琳琅满目，有红色、白色、粉红色、黄色、橙黄色等。园林用途同朱槿。

牡丹木槿

【科属名】锦葵科木槿属

【学　名】*Hibiscus syriacus* f. *paeoniflorus*
　　　　　Gagnep. f.

【别　名】粉紫重瓣木槿

　　落叶灌木，高可达4米。单叶互生，纸质，菱形至三角状卵形，3浅裂或不分裂，掌状脉3～5条，基部楔形或阔楔形，边缘具不整齐圆齿，两面无毛或背面沿脉被疏毛。花单生于叶腋，粉紫色；花重瓣；雄蕊柱不伸出花冠外。花期5—10月，未见结果。

　　本种为木槿（Hibiscus syriacus Linn.）的栽培变型。南安市部分乡镇可见栽培。花期很长，花大骄艳，是优良的园林观花树种。适应性强，喜光也耐半阴，耐寒也耐热，可种植于庭院、公园、学校、厂区、住房小区等绿地，供观赏。

木芙蓉

【科属名】锦葵科木槿属

【学　名】*Hibiscus mutabilis* L.

【别　名】芙蓉花

　　落叶灌木或小乔木，高可达5米。单叶互生，纸质，卵圆形或宽卵形，常3～5裂，掌状脉5～11条，基部心形，边缘具钝圆锯齿，两面被星状毛。花两性；花单生于枝端叶腋，花初时白色，后变粉红色至深红色；花瓣5片。蒴果扁球形。花期6—10月，果期9—12月。

　　原产于湖南。南安市各地均有栽培。花大且美丽，花团锦簇，风姿绰约，为优良的观花树种。适应性强，耐干旱也耐水湿，可种植于风景区、厂区等绿地，观赏效果极好；特别适合临水种植，丛植、孤植于溪岸、池塘边、水库周边，花水相媚，掩映成趣。根系庞大，护坡固土能力强，亦是良好的水土保持和生态防护树种。

　　木芙蓉为成都市市花。

重瓣木芙蓉

【科属名】锦葵科木槿属

【学　名】*Hibiscus mutabilis* L. f. *plenus*

　　常见的栽培变型品种，与木芙蓉的主要区别是：花重瓣。园林用途同木芙蓉。

红萼苘麻（hóng è qǐng má）

【科属名】锦葵科苘麻属

【学　名】*Abutilon megapotamicum*（Spreng.）
　　　　　A.St.-Hil. & Naudin

【别　名】蔓性风铃花

　　常绿蔓性软木质灌木。嫩枝被疏柔毛。单叶互生，纸质，卵心形，顶端长尾状渐尖，边缘具锯齿，有时具浅分裂，基出脉常6条；叶柄细长，被毛；托叶卵形。花两性；单生于叶腋，下垂；花萼灯笼状，血红色，裂片5片；花瓣5片，橘黄色，钟形。花期4—7月，未见结果。

　　原产于巴西等热带地区。南安市诗山镇少数乡镇可见栽培，多见于房前屋后。花形奇特，多姿多彩，仿佛树上挂着一个个小灯笼，喜气洋洋，为优良的盆栽观花植物。不耐严寒，山区乡镇高海拔村庄不宜种植。

瓜栗

【科属名】锦葵科瓜栗属

【学　名】*Pachira aquatica* Aublet

【别　名】马拉巴栗、中美木棉

　　常绿小乔木。树干光滑，无刺。叶为掌状复叶，有小叶5~7片，互生，多集生于小枝顶端；小叶长椭圆形或倒披针形，中间一片最大，边缘全缘，两面疏生黄褐色柔毛。花两性；花单朵腋生；花瓣长条形，淡黄绿色；雄蕊多数，花丝白色。蒴果椭圆形。花期5—11月，果期秋冬季。

　　原产于美洲热带地区。南安市部分乡镇常见栽培，多见于房前屋后或公园。不耐寒，易受霜冻，山区乡镇高海拔村庄不宜引种。

木棉

【科属名】锦葵科木棉属

【学　名】*Bombax ceiba* Linnaeus

【别　名】英雄树、攀枝花

　　落叶大乔木，高可达25米。幼树树干具短而粗的硬刺，老树无刺。叶集生枝顶，掌状复叶，有小叶5~7片；小叶厚纸质，椭圆形至椭圆状披针形，边缘全缘。花两性；花单朵或数朵簇生于枝顶，先叶开放；花瓣5片，深红色；雄蕊多数。蒴果长椭圆形。花期3—4月，果成熟期6—7月。

　　原产于广东、云南、贵州等地。南安市部分乡镇可见栽培。树干高大挺拔，树姿雄壮巍峨，花色红艳美丽，可种植于农村空旷闲置地，或种植于公园、烈士陵园、风景区等绿地，极具观赏性。木材轻软，可作箱板、造纸等用材。花可食用。

　　木棉为广州市、潮州市、高雄市的市花。

美丽异木棉

【科属名】锦葵科吉贝属

【学　名】*Ceiba speciosa*（A.St.-Hil.）Ravenna

【别　名】美人树

　　落叶乔木，高可达 15 米。树干下部膨大，茎枝密生圆锥状皮刺。叶互生，掌状复叶，有小叶 5～7 片；小叶纸质，椭圆形。花两性；总状花序；花瓣边缘波状，粉红色，内面中下部淡黄白色具斑纹。蒴果椭圆形。花期 9—12 月，果期冬季至翌年 3 月。

　　原产于南美洲。南安市各乡镇可见栽培。满树红花，绚丽夺目，是优良的庭园树和行道树。果实成熟后爆裂，一团团白色的絮状物纷纷扬扬，会造成一定范围的环境污染，居住集中区内不宜大面积成片种植。

苹婆

【科属名】锦葵科苹婆属

【学　名】*Sterculia monosperma* Ventenat

【别　名】凤眼果

　　常绿乔木。单叶互生，薄革质，矩圆形或椭圆形，边缘全缘，两面无毛。花单性或杂性；圆锥花序顶生或腋生，被短柔毛；花萼初时为乳白色，后转为粉红色，钟状，裂片 5 片，与萼筒近等长，顶端互相黏合；无花冠；雄花较多，雌花较少且略大。蓇葖果鲜红色，厚革质，顶端具喙。花期 4—5 月，果期 7—8 月。

　　原产于广东、广西、福建等地。南安市城西湿地公园等少数地方可见栽培。四季常青，树冠浓密，树形美观，果实红艳，可作行道树、庭院树、园景树、"四旁"树。种子煮熟后香甜可食；叶可裹粽。

假苹婆

【科属名】锦葵科苹婆属

【学　名】*Sterculia lanceolata* Cav.

【别　名】赛苹婆(《中国树木分类学》)

　　常绿乔木。单叶互生，薄革质，椭圆形、披针形或椭圆状披针形，上面无毛，下面几乎无毛，边缘全缘。花单性或杂性；圆锥花序腋生，花淡红色；花萼裂片5片，深裂，仅基部连合，边缘有缘毛，无明显萼筒；雌花的子房圆球形，被毛。蓇葖果鲜红色，长卵形或长椭圆形，顶端具喙。花期4—5月，果期8—9月。

　　原产于广东、广西、云南、贵州等地。南安市中骏四季家园小区等少数地方可见栽培。园林用途同苹婆。种子可食用，亦可榨油；茎皮纤维可作麻袋的原料，亦可造纸。

香苹婆

【科属名】锦葵科苹婆属

【学　名】*Sterculia foetida* L.

【别　名】掌叶苹婆、臭苹婆

　　常绿乔木。枝轮生，平伸。叶聚生于小枝顶端，掌状复叶，有小叶7～9片；小叶坚纸质，椭圆状披针形，顶端长渐尖或尾状渐尖。花单性或杂性；圆锥花序直立，多花，无毛；花萼红紫色，5深裂至近基部；雄花的花药12～15枚。蓇葖果木质，椭圆形似船状，顶端急尖如喙状。花期4—5月，果期11—12月。

　　原产于印度。南安市武荣公园可见栽培，较少见。种子炒熟后可食。

　　花有臭味，故又名"臭苹婆"。

澳洲火焰木

【科属名】锦葵科酒瓶树属

【学　名】*Brachychiton acerifolius*
（A.Cunn. ex G.Don）F.Muell.

【别　名】槭叶苹婆、
槭叶瓶干树（《中国植物志》）

常绿乔木。主干通直，幼枝绿色。单叶互生，薄革质，常掌状4裂（苗期3裂），集生于枝条顶端，边缘全缘，基出脉5条，叶柄细长。圆锥花序腋生，总花梗、花梗、花均为红色，花的形状像小铃铛或小酒瓶。蓇葖果，长圆状棱形，果瓣近木质。花期4—6月，果期7—9月。

原产于澳大利亚。南安市北山生态公园等少数地方可见栽培。叶色翠绿，花色红艳，株形美观，可作景观树、庭园树或行道树，是一种很好的观赏树种。

山芝麻

【科属名】锦葵科山芝麻属

【学　名】*Helicteres angustifolia* L.

小灌木。小枝被短柔毛。单叶互生，薄革质，狭矩圆形或条状披针形，背面被绒毛或混生刚毛，边缘全缘；叶柄被毛。花两性；聚伞花序腋生，有花2至数朵；花萼管状，顶端5裂；花瓣5片，淡紫白色；雄蕊10枚。蓇葖果卵状矩圆形，密被毛。花果期几乎全年。

南安市部分乡镇可见，多生于低海拔的山地、丘陵地、荒野的灌丛中。

猕猴桃科 Actinidiaceae

阔叶猕猴桃

【科属名】猕猴桃科猕猴桃属

【学　名】*Actinidia latifolia*（Gardn. et Champ.）Merr.

【别　名】多花猕猴桃（《福建植物志》）

　　落叶木质藤本。小枝、叶柄被黄褐色毛，后脱落；髓心实，老时常中空。单叶互生，坚纸质，阔卵形或长圆状卵形至近圆形，边缘疏生硬头尖状齿，背面密被星状毛。聚伞花序腋生，3～4回分歧，多花，花橙黄色；总花梗长3～7厘米；萼片和花瓣均为5片；雄蕊多数。浆果卵状圆柱形，密被斑点。花期6—7月，果期9—10月。

　　南安市翔云镇等少数乡镇可见，多生于林缘或山地路边。花是很好的蜜源，果实可食。

中华猕猴桃

【科属名】猕猴桃科猕猴桃属

【学　名】*Actinidia chinensis* Planch.

【别　名】猕猴桃、奇异果

　　落叶木质藤本。小枝、叶柄被灰白色毛，后脱落；髓心层片状，老时不中空。单叶互生，纸质，倒阔卵形至近圆形，顶端微凹、平截或突尖，边缘具睫毛状细齿，背面密被星状毛。聚伞花序腋生，有花1～3朵，花淡黄白色；总花梗长不足2厘米；萼片5片；花瓣4～6片；雄蕊多数；子房近球形，密被灰白色毛。浆果长圆形，密被斑点。花期4—6月，果期8—9月。

　　原产于我国，福建省将乐、建宁等地有分布。南安市翔云镇等少数乡镇可见栽培。果实的维生素含量极高，可生食或制成果脯果酱。

水东哥

【科属名】猕猴桃科水东哥属

【学　名】*Saurauia tristyla* DC.

常绿灌木或小乔木。嫩枝、叶两面中侧脉、叶柄被爪甲状鳞片。单叶互生，软纸质，倒卵状椭圆形或长卵形，边缘具刺状小齿或细锯齿。花两性；聚伞花序（1～4枝）腋生或生于老枝上，1～2回分歧，花粉红色；花瓣5片，顶端反卷，基部合生；雄蕊多数。浆果圆球形，白色。花果期5—11月。

南安市部分乡镇可见，多生于低海拔的林缘、山地路边、水渠边、山谷、溪边。根、叶入药，有清热解毒、凉血的功效。

山茶科 Theaceae

油茶

【科属名】山茶科山茶属

【学　名】*Camellia oleifera* Abel.

常绿灌木或小乔木。嫩枝被柔毛；冬芽鳞片密被柔毛。单叶互生，革质，椭圆形至倒卵状长圆形，边缘有锯齿。花两性；花常1～2朵顶生，近无梗；苞片与萼片8～12片；花瓣5～7片，白色；雄蕊3～6轮，花药黄色。蒴果球形，直径2～3厘米，成熟时2～3瓣裂。花期10—11月，果期翌年10—11月，有"抱子怀胎"之说。

南安市各乡镇均有栽培。油茶是我国重要的木本油料作物之一，种子（含油率达30%或更高）榨油供食用（常称作"茶油"），具有极高的营养价值。具强抗火性，不易燃烧，可作为生物防火林带的造林树种。木材质地坚硬，可作家具、农具。

短柱茶

【科属名】山茶科山茶属

【学　名】*Camellia brevistyla* (Hayata) Coh. St.

【别　名】龙眼茶、羊屎茶（闽南方言）

　　常绿灌木或小乔木。嫩枝被柔毛；冬芽鳞片无毛。单叶互生，革质，长椭圆形、狭椭圆形或倒披针形，边缘有锯齿。花两性；花常单生于枝顶，近无梗；苞片与萼片6～7片；花瓣白色。蒴果近球形，直径1厘米左右。花期10—11月，果期翌年10—11月，有"抱子怀胎"之说。

　　南安市部分乡镇可见栽培。种子用途同油茶。

山茶

【科属名】山茶科山茶属

【学　名】*Camellia japonica* L.

【别　名】茶花、山茶花

　　常绿灌木或小乔木。植株无毛。单叶互生，革质，椭圆形，基部阔楔形，边缘具细锯齿，两面无毛。花顶生，红色（栽培品种有玫瑰红、白色、红白相间等多种颜色），无花梗；苞片和萼片7～10片；花瓣5～7片（栽培品种更多）；花丝下部合生成短管。蒴果圆球形。花期12月至翌年4月，偶有结果。

　　原产于我国东部地区和日本。南安市各乡镇常见栽培。茶花是我国传统名花之一，品种多（达千种以上），花色多，适应性强，极具观赏性，因深受人们的喜爱而广泛种植。

茶梅

【科属名】山茶科山茶属

【学　名】*Camellia sasanqua* Thunb.

　　常绿灌木或小乔木。嫩枝有毛。单叶互生，革质，椭圆形至长圆形，边缘具细锯齿。花两性；苞片及萼片6~7片，被柔毛；花瓣红色；雄蕊离生。蒴果近球形，被短柔毛。花期11月至翌年2月，果期9—10月。

　　南安市部分乡镇可见栽培。树形优美，花色艳丽，花期较长，可种植于庭院、公园、学校、住房小区等绿地，供观赏；耐修剪，亦可作绿篱，开花时为花篱，落花时为常绿绿篱。

茶

【科属名】山茶科山茶属

【学　名】*Camellia sinensis*（L.）O. Ktze.

　　常绿灌木或小乔木。单叶互生，薄革质，卵状披针形或长圆形，边缘具锯齿。花两性；花1~3朵腋生或呈聚伞花序；花萼5~6片，卵圆形，宿存；花瓣7~8片，白色，卵圆形；雄蕊多数。蒴果扁球形（常呈3瓣状），淡褐色。花期9月至翌年2月，果期翌年9—10月。

　　茶在我国古代被称作"瑞草"，是人类最早驯化栽培的植物之一。南安市各地均有栽培。叶制茶，是我国传统饮品，以其质朴、天然、香醇、甘美的特性，征服着全球的爱茶者。种子榨油，可作润滑油或印油。

柃叶连蕊茶

【科属名】山茶科山茶属

【学　名】*Camellia euryoides* Lindl.

常绿灌木或小乔木。嫩枝密被短柔毛。单叶互生，薄革质，椭圆形或披针状椭圆形，先端渐尖（尖头钝）或钝，边缘具锯齿；叶柄被短柔毛。花两性；花单朵顶生或腋生，花梗长5～9毫米；苞片4～5片；萼片5片，阔卵形；花瓣5片，白色；雄蕊多数。蒴果球形，直径1～1.5厘米。花期1—3月，果期翌年9—10月。

南安市眉山乡、向阳乡等乡镇可见，多生于山坡地、山地路边或林缘。

木荷

【科属名】山茶科木荷属

【学　名】*Schima superba* Gardn. et Champ.

【别　名】荷树(《植物名实图考》)、荷木

常绿大乔木。单叶互生，革质，椭圆形至长圆形，先端锐尖，边缘具钝齿，两面无毛。花两性；花单生，或多朵组成短总状花序，白色，芳香；花萼5片，半圆形；花瓣5片。蒴果近圆形，木质，成熟时褐色。花期5—6月，果期10—12月。

优良乡土阔叶树种，已列入福建省第三批主要栽培珍贵树种名录。南安市各地极常见。树冠浓密，叶厚革质，萌芽力强，具强抗火性，是生物防火林带的当家树种。常与马尾松、杉木、湿地松进行混交造林，也是理想的混交造林树种。木材坚韧，可作建筑和纺织工业的特种用材(纱锭)。

191

小叶厚皮香

【科属名】山茶科厚皮香属

【学　名】*Ternstroemia microphylla*
　　　　　Merr.

　　常绿灌木或小乔木。叶为单叶，聚生于枝端，呈假轮生状，厚革质，倒卵形或倒披针形，长2～5厘米，宽6～15毫米，边缘常疏生细钝齿或近全缘。花小，两性或杂性，单生于叶腋或生于当年生无叶的小枝上；花萼5片；花瓣5片，白色；雄蕊多数。果为浆果状，椭圆形，果梗稍弯曲，宿存花柱长约2毫米。花期5—6月，果期8—10月。

　　南安市北山生态公园、东田镇等少数地方可见，多生于疏林地、干燥山坡灌丛中、瘠薄的石缝间。

杨桐

【科属名】山茶科杨桐属

【学　名】*Adinandra millettii*（Hook. et Arn.）
　　　　　Benth. et Hook. f. ex Hance

【别　名】黄瑞木（《中国树木分类学》）

　　常绿灌木或小乔木。嫩枝、顶芽被短柔毛。单叶互生，革质，长圆状椭圆形，顶端短渐尖或钝，边缘全缘。花两性；花单朵腋生，白色；花梗纤细下弯，疏被短毛；萼片和花瓣均为5片；花瓣顶端尖，外面全无毛；雄蕊多数。浆果圆球形，被短柔毛，成熟时黑紫色，花柱宿存。花期5—7月，果期8—10月。

　　南安市各乡镇可见，多生于林缘、沟谷、山坡路旁、荒山荒地的灌丛中。

五列木科 Pentaphylacaceae

细齿叶柃

【科属名】五列木科柃属

【学　名】*Eurya nitida* Korthals

常绿灌木或小乔木。全株无毛；嫩枝具 2 棱；顶芽线状披针形。单叶互生，排成 2 列，薄革质，长圆状椭圆形或倒卵状长圆形，边缘密生细锯齿。花单性，雌雄异株；花 1～4 朵簇生于叶腋，淡绿白色；萼片（膜质）和花瓣均为 5 片；雄蕊 14～20 枚。浆果圆球形，成熟时蓝黑色，花柱宿存。花期 11—12 月，果期翌年 7—9 月。

南安市部分乡镇可见，多生于林下、林缘、山坡路旁的灌丛中。冬季开花，是优良的蜜源植物。枝、叶及果实可作染料。

粗枝腺柃

【科属名】五列木科柃属

【学　名】*Eurya glandulosa* var. *dasyclados*（Kob.）H. T. Chang

常绿灌木。嫩枝圆柱形，密被黄褐色长柔毛；小枝无毛。单叶互生，革质，椭圆形或长圆状椭圆形至长圆形，基部近圆形或阔楔形，边缘具细锯齿，表面具金黄色腺点。花单性，雌雄异株；花 1～4 朵腋生，白色；雄花萼片和花瓣均为 5 片，雄蕊约 10 枚；雌花萼片和花瓣均为 5 片，花柱顶端 3 裂。果为浆果状，球形，成熟时紫黑色，花柱宿存。花期 9—10 月，果期翌年 7—8 月。

南安市翔云镇等少数乡镇可见，多生于海拔 600 米以上的疏林地中。

番木瓜科 Caricaceae

番木瓜

【科属名】番木瓜科番木瓜属

【学　名】*Carica papaya* Linn.

【别　名】番瓜(《植物名实图考》)、
　　　　　万寿果(闽南方言)

　　常绿小乔木。具乳汁；茎具螺旋状排列的托叶痕。单叶大，聚生于茎顶端，近圆形，常7～9深裂；叶柄中空，长可达60厘米。花单性(不同的品种偶有两性花)，同株或异株；雄花排列成圆锥花序，下垂，花冠管细管状，裂片5片；雌花单生或由数朵排列成伞房花序，花瓣5片，花柱5枚。浆果肉质，成熟时橙黄色。花果期几乎全年。

　　原产于美洲热带地区。南安市各乡镇均有栽培，多见于房前屋后或村庄闲置地。未成熟的果实可作蔬菜煮熟食用或腌食，可加工成蜜饯、果汁、果酱、果脯及罐头等；成熟的果实可作水果。

仙人掌科 Cactaceae

仙人掌

【科属名】仙人掌科仙人掌属

【学　名】*Opuntia dillenii* (Ker Gawl.)
　　　　　Haw.

　　丛生肉质灌木。茎下部木质化，圆柱形，茎节扁平，其余掌状；小窠(kē)明显突出，刺3～5条(成长后的刺增粗并增多)，粗硬，刚直；叶钻形，早落。花两性；花单生，鲜黄色；萼片多数，渐向内呈花瓣状；花瓣阔倒卵形；雄蕊多数。浆果。花期6—12月。

　　原产于墨西哥、美国、西印度群岛等地。南安市部分乡镇可见栽培，已逸为野生，见于房前屋后或村庄闲杂地。

瑞香科 Thymelaeaceae

土沉香

【科属名】瑞香科沉香属

【学　名】*Aquilaria sinensis*（Lour.）Spreng.

【别　名】沉香

　　常绿乔木。单叶互生，薄革质，卵形或椭圆形至长圆形，侧脉纤细，近平行，不明显。花两性；伞形花序顶生或腋生，有花多朵，黄绿色，芳香；花萼浅钟状，5裂；花瓣（淡黄色）10片，鳞片状，着生于萼管喉部。蒴果倒卵形，密被短柔毛。花期4—5月，果期9—10月。

　　原产于广东、海南、福建等地，已列入福建省第二批主要栽培珍贵树种名录。南安市部分乡镇可见栽培，多见于房前屋后、公园或山地林中。英都镇、洪濑镇可见成片种植，着力发展沉香产业。叶制成沉香茶，可代茶饮。老茎受伤后流出的粘胶树脂，俗称"沉香"，是名贵的香料原料。

了哥王（liǎo gē wáng）

【科属名】瑞香科荛花属（ráo huā shǔ）

【学　名】*Wikstroemia indica*（L.）C.A.Mey

【别　名】桐皮子（《中国药用植物志》）、
　　　　　南岭荛花

　　灌木。单叶对生，坚纸质至革质，卵形、倒卵形或椭圆状长圆形，两面同色，无毛，背面无白粉。花两性；短总状花序顶生，有花数朵，花黄绿色；总花梗粗壮；花萼管状，顶端裂片4片；无花瓣；雄蕊8枚，排成2轮。核果椭圆形，成熟时红色。花果期夏秋季。

　　南安市部分乡镇可见，多生于林缘、疏林地、荒野的灌丛中。根、叶入药，有破结散瘀、解毒的功效。全株有毒。

瑞香

【科属名】瑞香科瑞香属

【学　名】*Daphne odora* Thunb.

【别　名】风流树(《群芳谱》)、
瑞兰(《享利氏中国种子植物名录》)

常绿灌木。枝粗壮，常二歧分枝，无毛。单叶互生，纸质，长圆形、长披针形或倒卵状椭圆形，边缘全缘，两面无毛。花两性；头状花序，顶生，有花多朵；花萼筒管状，外面淡紫红色，内面肉红色，裂片4片；无花瓣；雄蕊8枚。花期3—5月，果期7—8月。

南安市部分乡镇可见栽培，见于公园、庭院或寺庙。春季开花，香味浓厚，沁人心脾，为著名的香化植物，可孤植或丛植于公园内的假山或岩石的阴面，也常作盆栽摆放在阳台。根入药，有活血、散瘀、止痛的功效。

胡颓子科 Elaeagnaceae

蔓胡颓子（màn hú tuí zǐ）

【科属名】胡颓子科胡颓子属

【学　名】*Elaeagnus glabra* Thunb.

常绿蔓生或攀援灌木。无刺（稀有刺）；幼枝密被锈色鳞片，老枝脱落。单叶互生，革质，卵形或卵状椭圆形，边缘全缘（有时微反卷），背面银灰色且散生锈色鳞片。花两性；花3~7朵簇生于叶腋；萼筒漏斗形，裂片4片，在子房上不明显收缩；无花瓣；雄蕊4枚。果为坚果，呈核果状，长圆形，成熟时红色。花期9—10月，果期翌年3—4月。

南安市眉山乡、翔云镇等少数乡镇可见，多生于林缘、路边的灌丛中。果实味甜，可生食，亦可酿酒或熬糖。根、叶和果实入药，有收敛止泻、平喘止咳的功效。

千屈菜科 Lythraceae

福建紫薇

【科属名】千屈菜科紫薇属

【学　名】*Lagerstroemia limii* Merr.

　　落叶灌木或小乔木。嫩枝、叶、花序、花萼被柔毛。单叶互生或近对生，薄革质，椭圆形至椭圆状长圆形，边缘全缘；叶柄短。花两性；圆锥花序，顶生；萼片之间具肾形附属体；花瓣淡红色至紫色。蒴果卵形，成熟时灰褐色。花期5—6月，果期7—8月。

　　南安市部分乡镇可见，多生于林缘、山地路边。

紫薇

【科属名】千屈菜科紫薇属

【学　名】*Lagerstroemia indica* Linn.

【别　名】小叶紫薇、百日红

　　落叶灌木或小乔木，高可达7米。树皮平滑。单叶常对生，纸质，椭圆形至倒卵形，长2.5~7厘米，宽1.5~4厘米；几乎无叶柄。花两性；圆锥花序，顶生，花小，直径3~4厘米；花瓣6片，粉红色或紫色。蒴果椭圆形，成熟时黑色。花期5—8月，果期9—12月。

　　原产于我国及东南亚。南安市各乡镇可见栽培。树姿优美，花开满树，色泽艳丽，是深受人们喜爱的观花树种。可种植于庭院、公园、风景区、住房小区、校园、道旁等绿地，富丽堂皇，独树一帜。材质坚硬，可作建筑、家具、农具等用材。

银薇

【科属名】千屈菜科紫薇属

【学　名】*Lagerstroemia indica f. alba*
　　　　　（Nichols.）Rehd.

　　落叶灌木或小乔木。树皮平滑；小枝具棱。单叶互生或近对生，纸质，椭圆形、阔矩圆形或倒卵形，两面几乎无毛，边缘全缘；几乎无叶柄。花两性；圆锥花序，顶生；花瓣6片，白色，皱缩，具长爪；雄蕊36~42枚。蒴果。花期6—7月，果期10—11月。

　　银薇是紫薇的园艺栽培种。南安市部分乡镇可见栽培，多见于公园。园林用途同紫薇。

大花紫薇

【科属名】千屈菜科紫薇属

【学　名】*Lagerstroemia speciosa*（Linn.）Pers.

【别　名】大叶紫薇

　　落叶乔木，高可达25米。单叶对生或近对生，革质，长椭圆形或卵状椭圆形，长10~25厘米，宽6~12厘米，边缘全缘，两面无毛。花两性；圆锥花序顶生，花大，直径5~8厘米；花瓣6~7片，淡红色或紫色。蒴果球形，成熟时灰褐色。花期5—7月，果期10—11月。

　　原产于南亚及澳大利亚。南安市部分乡镇可见栽培。树形高大，花大且艳丽，别具风情，可作庭园树、行道树。材质坚硬，耐腐力强，可作建筑、家具、造船等用材。

细叶萼距花

【科属名】千屈菜科萼距花属
【学　名】*Cuphea hyssopifolia* H.B.K.
【别　名】满天星、细叶雪茄花

　　常绿小灌木。植株矮小，分枝多；枝被短柔毛。单叶对生或近对生，纸质，狭长圆形至披针形，叶背被柔毛；几乎无叶柄。花两性；花单朵腋外生；花萼管状，基部一侧膨大；花瓣6片，紫色或淡紫色。花期几乎全年。

　　原产于墨西哥。南安市部分乡镇可见栽培。叶色翠绿，花色鲜艳，繁星点点，温馨浪漫，极具观赏价值。耐半阴，耐修剪，生长适应性强，常作地被植物，种植于道路的端头或林下；亦作盆栽，放置于阳台供观赏。

石榴

【科属名】千屈菜科石榴属
【学　名】*Punica granatum* Linn.
【别　名】安石榴

　　落叶灌木或小乔木。枝顶常成尖锐长刺，植株各部无毛。单叶对生或近对生，纸质，矩圆状披针形，边缘全缘；叶柄极短。花两性；花1~5朵生于枝顶；花萼钟形，萼筒长2~3厘米，红色；花瓣红色（园艺栽培变种有黄色、白色等多种颜色）。浆果近球形，淡黄绿色，花萼宿存。花期春夏季，果期夏秋季。

　　原产于伊朗及其邻国。南安市各乡镇可见栽培，主要以园艺观赏品种为主。树形优美，枝叶翠绿，花大而艳丽，又有多子多福的象征，是深受人们喜爱的观花观果树种。生长适应性强，常种植于庭院、公园、住房小区等绿地，供观赏。

　　石榴花为西安市市花。西安市奥体中心体育场作为第十四届全国运动会开幕式的主会场，其外观设计灵感就来自石榴花，寓意"丝路启航，盛世之花"。（引自"学习强国"）

白石榴

【科属名】千屈菜科石榴属

【学　名】*Punica granatum* 'Albescens' DC.

【别　名】白石榴花

　　园艺栽培变种，与石榴的主要区别是：花白色。

　　南安市部分乡镇可见栽培，多见于房前屋后或村庄闲杂地。民间常将花蕾晒干入药，有清气止咳的功效；根为名贵药材，有固精补肾的功效。

红树科 Rhizophoraceae

秋茄树

【科属名】红树科秋茄树属

【学　名】*Kandelia obovata* Sheue et al.

　　常绿灌木或小乔木。枝粗壮，有膨大的节。叶为单叶，交互对生，厚革质，椭圆形、矩圆状椭圆形或倒卵状长圆形，顶端钝形或浑圆，边缘全缘，叶脉不明显。花两性；二歧聚伞花序腋生，花白色；花萼常5深裂，裂片线形，花后外反；花瓣膜质，短于花萼，2深裂，每一裂片又分裂成数个线状小裂片；雄蕊多数。果圆锥形；胚轴细长，棒状。花果期几乎全年。

　　秋茄树是组成红树林群落的重要树种之一。南安市水头镇、石井镇等可见栽培，生于浅海或污泥堆积的盐滩。常组成单个优势树种灌木群落，既适于生长在盐度较高的海滩，又能生长于淡水泛滥的区域，兼具陆地植物群落和海洋植物群落的特性。材质坚重，耐腐，可作车轴、把柄等用材。

使君子科 Combretaceae

小叶榄仁

【科属名】使君子科榄仁树属
【学　名】*Terminalia neotaliala* Capuron
【别　名】细叶榄仁、非洲榄仁

　　落叶乔木，高可达 15 米。主干通直，侧枝轮生呈水平展开，层次分明。叶集生于短枝顶端，纸质，提琴状倒卵形，边缘常全缘（稀疏生细小圆齿），侧脉脉腋常具腺体。花常两性（稀单性雄花）；穗状花序腋生；花萼 5 裂；雄蕊 10 枚。核果纺锤形，青绿色，成熟时黑色。花期 4—5 月，果期 5—9 月。

　　原产于马达加斯加。南安市各乡镇可见栽培，多见于公路绿化带、公园、庭院、厂区或住房小区。叶色深绿，树形优美，可作行道树、庭园树、景观树，是很好的园林观赏树种。耐盐碱，抗风力强，水头镇、石井镇沿海区域适宜种植。

锦叶榄仁

【科属名】使君子科榄仁树属
【学　名】*Terminalia neotaliala* ‘Tricolor'
【别　名】花叶榄仁

　　小叶榄仁的栽培变种，与小叶榄仁的主要区别是：新叶呈粉红色；叶片外缘为黄白色。
　　南安市部分乡镇可见栽培，多见于公路绿化带或公园。园林用途同小叶榄仁。

使君子

【科属名】使君子科风车子属

【学　名】*Combretum indicum*（L.）Jongkind

　　木质攀援状藤本。单叶对生或近对生，薄纸质，椭圆形或长圆状椭圆形，先端短渐尖，基部近圆形，边缘全缘，叶面无毛。花两性；穗状花序疏生，组成伞房花序；花萼管细长，萼齿 5 枚；花瓣 5 片，初为白色，后变红色；雄蕊 10 枚。花期 5—8 月，未见结果。

　　南安市部分乡镇可见栽培，多见于公园、庭院或村庄闲杂地。花绯红芳香，常栽培作为棚架、栏栅、篱垣植物，供观赏。

桃金娘科 Myrtaceae

柠檬桉

【科属名】桃金娘科桉属

【学　名】*Eucalyptus citriodora* Hook. f.

　　常绿大乔木，高可达 30 米。树皮平滑，灰白色；枝叶有柠檬香味。幼态叶披针形，叶柄盾状着生；成熟叶互生，狭披针形，稍弯曲，薄革质，侧脉多数，不甚明显。花两性；花 3~5 朵排成聚伞花序再组成圆锥花序；帽状体与萼管近等长，先端圆，有 1 个小突尖；雄蕊多数。蒴果壶形，果瓣藏于萼管内。花期 3—4 月和 10—11 月，果期几乎全年。

　　原产于澳大利亚。南安市部分乡镇可见栽培，多见于公园、学校、公路绿化带或村庄闲杂地。树干通直，生长迅速，适应性强，可作行道树，也是重要的山地造林树种。木材可作造船、建筑、造纸等用材。

窿缘桉

【科属名】桃金娘科桉属

【学　名】*Eucalyptus exserta* F. V. Muell.

常绿乔木，高可达 20 米。树皮宿存，灰褐色，纵裂。幼态叶对生，狭窄披针形，有短柄；成熟叶互生，狭披针形，稍弯曲；叶柄纤细，长可达 1.5 厘米。花两性；伞形花序腋生，有花 3~8 朵，总花梗圆柱形；帽状体长锥形，比萼管长 2~2.5 倍，先端渐尖；雄蕊多数。蒴果近球形，果缘突出萼管，果瓣 4 片。花期 6—9 月，果期 9 月至翌年 3 月。

原产于澳大利亚。南安市部分乡镇可见栽培，或已逸为野生，多见于山地林中。

巨尾桉

【科属名】桃金娘科桉属

【学　名】*Eucalyptus urophylla × grandis*

【别　名】尾巨桉、速生桉（闽南方言）

常绿乔木，高可达 40 米。干形通直，分枝高；上部树皮脱落而平滑，基部树皮宿存。叶两型，幼态叶椭圆形，无柄而对生；成熟叶互生，近披针形。花两性；伞形花序腋生，有花 5~8 朵，白色；帽状体圆锥形，长略短于萼管；雄蕊多数。蒴果梨形，果盘凹陷，果瓣凸出在果缘之上。花期 10—11 月，果期 12 月至翌年 3 月。

原产于澳大利亚。南安市各乡镇可见栽培，多见于山地林中。巨尾桉是巨桉和尾叶桉进行人工杂交，培育出的优良杂交品种。生长极快、适应性强、出材量高、萌芽力强，是优良的山地造林树种。不耐寒，山区乡镇高海拔山地不宜种植。木材用途广泛，可作造纸、胶合板、纤维板、家具等用材。

红千层

【科属名】桃金娘科红千层属

【学　名】*Callistemon rigidus* R. Br.

　　常绿小乔木。小枝直立；嫩枝、嫩叶有丝毛。单叶互生，坚革质，线形或狭椭圆形，边缘全缘；叶柄短，具明显的油腺点。花两性；穗状花序生于枝顶；花瓣5片，绿色，卵形；雄蕊多数，鲜红色。蒴果半球形，先端平截。花期4—8月，边开花边结果。

　　原产于澳大利亚。南安市部分乡镇可见栽培，多见于公园、庭院或住房小区。园林用途参考垂枝红千层。

垂枝红千层

【科属名】桃金娘科红千层属

【学　名】*Callistemon viminalis* (Soland.) Cheel.

【别　名】串钱柳、澳洲红千层

　　常绿小乔木。树皮坚硬，灰褐色，深裂；枝条下垂，嫩枝有丝毛。单叶互生，革质，线状披针形，边缘全缘，叶柄极短。花两性；穗状花序生于枝顶，下垂；花瓣5片，绿白色，卵形；雄蕊多数，鲜红色。蒴果半球形，先端平截。花期4—9月，边开花边结果。

　　原产于澳大利亚。南安市部分乡镇可见栽培，花盛开时酷似"奶瓶刷"，十分奇特，成为植物界的"小网红"。满树红花争奇斗艳，具有很高的观赏价值，广泛应用于溪岸、庭院、公园、广场、厂房、住房小区等绿化。

白千层

【科属名】桃金娘科白千层属

【学　名】*Melaleuca cajuputi* subsp.
　　　　　cumingiana（Turczaninow）Barlow

　　常绿乔木。树皮灰白色，呈薄层状剥落。单叶互生，革质，披针形，基出脉3～7条，具腺点；几乎无叶柄。花两性；穗状花序，顶生，花白色，密集，花后继续生长成一有叶的新枝；萼筒卵圆形，萼齿5裂；花瓣5片，卵形；雄蕊多数。蒴果杯状。花期每年3至4次。

　　原产于澳大利亚。南安市罗东镇等少数乡镇可见栽培，见于房前屋后。

黄金香柳

【科属名】桃金娘科白千层属

【学　名】*Melaleuca bracteata* 'Revolution
　　　　　Gold'

【别　名】黄金串钱柳、黄金宝树、千层金

　　常绿灌木或小乔木，高可达8米。枝条柔软密集，被柔毛。单叶互生，革质，金黄色，披针形，顶端锐尖，基出脉3～5条，揉之具芳香味；无叶柄。穗状花序顶生或近顶生，花白色，无花梗；花瓣5片；雄蕊多数。花期4—5月，未见结果。

　　原产于澳大利亚、荷兰等国家。南安市部分乡镇可见栽培，多见于公园、公路两旁、住房小区。叶色金黄，枝条柔软，随风舞动，姿态万千，为优良的彩叶树种，常作园景树或造型树。喜光，阳光越强则叶色越金黄。

桃金娘

【科属名】桃金娘科桃金娘属

【学　名】*Rhodomyrtus tomentosa*（Ait.）Hassk.

【别　名】中年（闽南方言）

　　常绿灌木。嫩枝有柔毛。单叶对生，革质，椭圆形或倒卵形，先端圆或钝（常微凹），背面有绒毛，离基三出脉，边缘全缘。花两性；花常单生于叶腋，紫红色；花萼5片，近圆形，宿存；花瓣5片，倒卵形；雄蕊多数。浆果卵状壶形，成熟时紫黑色。花期5—6月，果期8—9月。

　　南安市各乡镇极常见，多生于丘陵山地，为酸性土指示植物。果实味甜，可生食，民间常用来浸酒。根入药，有治疗慢性痢疾、风湿、肝炎及降血脂等功效。

红果仔

【科属名】桃金娘科番樱桃属

【学　名】*Eugenia uniflora* L.

【别　名】番樱桃、巴西红果

　　常绿小乔木。全株无毛。单叶对生，纸质，卵形至卵状披针形，先端钝至渐尖，基部圆形或微心形，边缘全缘，侧脉在离边缘约2毫米处汇成边脉；叶柄极短。花两性；花单朵或数朵聚生于叶腋，白色；萼片4片，长椭圆形；花瓣5片；雄蕊多数。浆果球形，具8棱，成熟时深红色。花期3月，果期4—5月。

　　原产于巴西。南安市部分乡镇可见栽培，多见于房前屋后。果实小巧可爱，红果累累，可作盆栽观赏。果肉柔软多汁，酸甜可口，可生食或制作成软糖。

蒲桃（pú táo）

【科属名】桃金娘科蒲桃属

【学　名】*Syzygium jambos*（L.）Alston

常绿乔木，高可达 10 米。叶对生，革质，披针形，先端渐尖，基部楔形；叶柄长 6～8 毫米。花两性；聚伞花序顶生，有花多朵；花白色，直径 4～5 厘米；萼管倒圆锥形，萼齿 4裂；花瓣常 4 片；雄蕊多数，花丝细长。浆果球形，成熟时淡黄绿色。花期 4—5 月，果实期 5—6 月。

南安市部分乡镇可见，野生或栽培。具深根性，抗风力强，沙质土或溪岸边也能生长，是固堤、护坡、防风的良好树种，亦可种植于农村"四旁"、公园等绿地供观赏。果可食用或加工制作成蜜饯。

洋蒲桃

【科属名】桃金娘科蒲桃属

【学　名】*Syzygium samarangense*（Blume）Merr. et
　　　　　Perry

【别　名】莲雾（闽南方言）

常绿乔木，高可达 12 米。单叶对生，薄革质，椭圆形至长圆形，基部圆形或微心形；几乎无叶柄。花两性；聚伞花序顶生或腋生，有花数朵，花白色；萼管倒圆锥形，萼齿 4裂；雄蕊多数，花丝细长。浆果梨形或圆锥形，肉质，成熟时呈粉红色或红白色，发亮。花期 4—5 月，果实成熟期 7—8 月。

原产于马来西亚及印度。南安市部分乡镇可见栽培。叶色青翠，红果丰硕，可种植于住房小区、学校、寺庙、公园等绿地。不耐严寒，山区乡镇高海拔村庄不宜种植。果实清甜，深受人们的喜爱，被誉为"水果皇帝"。

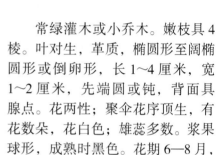

赤楠

【科属名】桃金娘科蒲桃属

【学　名】*Syzygium buxifolium* Hook. et Arn.

【别　名】牛金子(《植物名实图考》)、和尚头(闽南方言)

　　常绿灌木或小乔木。嫩枝具4棱。叶对生，革质，椭圆形至阔椭圆形或倒卵形，长1~4厘米，宽1~2厘米，先端圆或钝，背面具腺点。花两性；聚伞花序顶生，有花数朵，花白色；雄蕊多数。浆果球形，成熟时黑色。花期6—8月，果期10—11月。

　　南安市各乡镇极常见，多生于低山疏林地。树干遒劲，耐修剪，常作盆景树。果味清淡，可生食。根入药，有健脾利湿、平喘、散瘀的功效。

轮叶蒲桃

【科属名】桃金娘科蒲桃属

【学　名】*Syzygium grijsii* (Hance) Merr. et Perry

【别　名】小叶赤楠

　　常绿灌木。嫩枝纤细，具4棱。叶为单叶，3叶轮生或对生，革质，狭长圆形或狭披针形，长1.5~2厘米，宽5~7毫米，顶端钝或圆或略尖，边缘全缘。花两性；聚伞花序，顶生，有花数朵，花白色；花瓣4片，近圆形；雄蕊多数。浆果。花期5—6月。

　　南安市部分乡镇可见，多生于荒山荒地、林下或疏林地的灌丛中。

红枝蒲桃

【科属名】桃金娘科蒲桃属

【学　名】*Syzygium rehderianum* Merr. et
　　　　　Perry

【别　名】红车

常绿灌木至小乔木。嫩枝、嫩叶红色。单叶对生，革质，椭圆形至狭椭圆形，干后两面具腺点。花两性；聚伞花序腋生，常有5～6条分枝；萼管倒圆锥形，萼齿不明显；花瓣连成帽状；雄蕊多数，花丝细长。核果椭圆状卵形，成熟时紫色。花期6—8月，果期10—12月。

原产于福建省平和、南靖、上杭等地。南安市部分乡镇可见栽培，多见于庭院、公园、公路两侧、学校、住房小区。新叶红色，鲜艳美丽，红绿相间，色彩分明，极具生机盎然之美，被称为"红叶绿篱之王"，常作绿篱、绿带或绿墙。

水翁蒲桃

【科属名】桃金娘科蒲桃属

【学　名】*Syzygium nervosum* Candolle

【别　名】水翁

常绿乔木。单叶对生，薄革质，长圆形至椭圆形，两面具透明腺点，网脉明显。花两性；圆锥花序生于无叶的老枝上，长可达12厘米，花2～3朵簇生，无花梗；萼管半球形，帽状体顶端具短喙；雄蕊多数。浆果阔卵圆形，成熟时紫黑色。花期6—7月，果期9—10月。

原产于广东、广西等地。南安市部分乡镇可见栽培，多见于公园。

嘉宝果

【科属名】桃金娘科树番樱属

【学　名】*Plinia cauliflora*（Mart.）Kausel

【别　名】树葡萄

　　常绿小乔木。枝、叶柄有绒毛；树皮呈薄片状脱落，具斑驳的斑块。单叶对生，厚纸质，披针形或椭圆形，边缘全缘，两面几乎无毛。花两性；花常簇生于主干及主枝上，新枝上较少，花小，白色；雄蕊多数。浆果球形，成熟时紫黑色。一年可多次开花结果。

　　原产于巴西、巴拉圭等南美洲地区。南安市部分乡镇可见栽培，多见于房前屋后、庭院或公园。果香甜多汁，可生食或加工制成果汁、果酱。

番石榴

【科属名】桃金娘科番石榴属

【学　名】*Psidium guajava* L.

【别　名】芭乐、

　　常绿乔木。树皮平滑，灰色。单叶对生，革质，长圆形至椭圆形，基部近圆形，边缘全缘。花两性；花白色，芳香，1～3朵腋生；萼管钟状，顶端4～5裂，绿色；花瓣4～5片；雄蕊多数，与花瓣近等长。浆果近球形或梨形。花期4—5月，果期8—9月。

　　原产于美洲地区。南安市各乡镇极常见，栽培或野生。果可生食或制作成果汁、果酱。

松红梅

【科属名】桃金娘科鱼柳梅属

【学　名】*Leptospermum scoparium* J. R. Forst. et G. Forst.

【别　名】松叶牡丹

　　常绿小灌木。多分枝，枝条纤细；嫩枝具白色长绒毛。单叶互生，纸质，线状披针形，边缘全缘。花单朵腋生；花重瓣（有些栽培品种的花为单瓣），不同栽培品种的花色也很多，有红色、粉红色、白色、桃红色等多种颜色。蒴果。花期晚秋至春末。

　　原产于新西兰、澳大利亚等国。南安市部分乡镇可见栽培，多见于公园或庭院。花色艳丽，花形精美，与岩石、廊亭、池畔搭配，风景独特，观赏价值高；亦作盆景，摆放在室内或阳台。

　　因叶细如松叶，重瓣花朵形似牡丹，故又名"松叶牡丹"。

野牡丹科 Melastomataceae

地菍（dì niè）

【科属名】野牡丹科野牡丹属

【学　名】*Melastoma malabathricum* L.

【别　名】铺地锦（《岭南采药录》）

　　常绿匍匐披散小灌木。单叶对生，坚纸质，卵形或椭圆形，基出脉3～5条，边缘全缘或具浅细锯齿，具缘毛，背面脉上被糙伏毛。花两性；聚伞花序顶生，有花1～3朵；花梗、苞片、花萼均被糙伏毛；花瓣5片，淡紫红色，被疏缘毛。蒴果坛状球形。花期5—7月，果期7—9月。

　　南安市部分乡镇可见，多生于低矮山坡疏林地或荒野草丛中。果可食，亦可酿酒。全株入药，有舒筋活血、清热燥湿的功效。

印度野牡丹

【科属名】野牡丹科野牡丹属

【学　名】*Melastoma candidum* D. Don

　　灌木。茎密被鳞片状糙伏毛。单叶对生，坚纸质，披针形、卵状披针形或广椭圆形，基生脉常5条（偶有7条），边缘全缘，表面被糙伏毛（毛隐存于表皮下或尖端露出），背面沿基生脉上疏生鳞片状糙伏毛。花两性；伞房花序顶生，有花常3～10朵；花梗、苞片、花萼均被毛；花瓣5片，粉红色，上部具缘毛；雄蕊10枚，异形。蒴果坛状球形，与宿萼贴生。花期2—5月，果期8—12月。

　　南安市各乡镇极常见，多生于林缘、路边、荒野的灌丛中。全株入药，有解毒消肿、收敛止血的功效。

巴西野牡丹

【科属名】野牡丹科蒂牡花属

【学　名】*Tibouchina semidecandra*（Mart. et
　　　　　Schrank ex DC.）Cogn.

【别　名】紫花野牡丹

　　常绿灌木，高1.5米。单叶对生，革质，披针状卵形，基生脉常3条，边缘全缘，背面被细柔毛。花两性；伞形花序顶生，有花常3～5朵；花瓣5片，深紫色；雄蕊10枚，5长5短。蒴果杯状球形，红紫色。花果期几乎全年。

　　原产于巴西。南安市各乡镇可见栽培。花大而秀丽，鲜艳夺目，美丽动人，为优良的观花树种。适应性强，对土壤要求不严，耐半阴，可种植于风景区、庭院、公园、公路两侧、学校、住房小区等绿地，供观赏。

鸭脚茶

【科属名】野牡丹科鸭脚茶属
【学　名】*Tashiroea sinensis* Diels
【别　名】中华野海棠（《中国高等植物图鉴》）

　　常绿灌木。植株几乎无毛。单叶对生，坚纸质，披针形至卵形或椭圆形，基生脉5条，边缘具疏浅锯齿。花两性；聚伞花序顶生，有花5~20朵；花萼钟状漏斗形；花瓣粉红色至紫色；雄蕊8枚，4长4短。蒴果近球形，为宿存花萼所包。花期6—7月，果期8—10月。
　　南安市翔云镇等少数乡镇可见，多生于山地路边、疏林地的灌丛中。

五加科 Araliaceae

短梗幌伞枫（duǎn gěng huǎng sǎn fēng）

【科属名】五加科幌伞枫属
【学　名】*Heteropanax brevipedicellatus* Li
【别　名】短梗罗汉伞

　　常绿灌木或小乔木。叶大，4~5回羽状复叶，叶柄粗壮，长可达40厘米；小叶片纸质，椭圆形至狭椭圆形，边缘全缘（稀在中部以上有细锯齿），两面无毛，小叶柄极短。花杂性，顶生伞形花序的花常为两性花，侧生伞形花序的花常为雄花；圆锥花序顶生，长可达70厘米，主轴和分枝密生暗锈色厚绒毛；花多数，淡黄白色；花瓣5片，三角状卵形；雄蕊5枚。花期10—11月。
　　南安市翔云镇等少数乡镇可见，多生于山地林中或林缘的荫蔽处。

幌伞枫

【科属名】五加科幌伞枫属
【学　名】*Heteropanax fragrans*
　　　　（Roxb.）Seem.

　　常绿乔木，高可达 30 米。叶大，3～5 回羽状复叶，叶柄长可达 30 厘米；小叶片在羽片轴上对生，纸质，椭圆形，边缘全缘，两面无毛。花杂性；多数小伞形花序组成大的圆锥花序，顶生，主轴和分枝密生绒毛，后脱落；花多数，淡黄白色；花瓣 5 片，卵形；雄蕊 5 枚。花期10—11 月，果期翌年 2—3 月。

　　原产于云南、广西、广东等地。南安市各乡镇可见栽培。叶色翠绿，枝叶繁茂，树冠圆整，形如罗伞，可作庭院树、风景树和行道树。亦作盆栽，放置室内供观赏。不耐严寒，山区乡镇高海拔村庄不宜种植。

长刺楤木（cháng cì sǒng mù）

【科属名】五加科楤木属
【学　名】*Aralia spinifolia* Merr.

　　灌木。小枝、叶轴、羽片轴、花序轴密生针状刺毛，具扁刺。叶为二回羽状复叶，羽片有小叶 5～9 片，基部有小叶 1 对；小叶对生，薄纸质，长圆状卵形或卵状椭圆形，边缘具锯齿。花杂性；伞形花序组成大的圆锥花序；花瓣 5 片，淡绿色；雄蕊 5 枚。果实卵球形，成熟时黑褐色。花期 8—10 月，果期 10—12 月。

　　南安市部分乡镇可见，多生于海拔1000 米以下的阳坡山地或林缘。

黄毛楤木（huáng máo sǒng mù）

【科属名】五加科楤木属

【学　名】*Aralia Chinensis* L.

　　落叶灌木。小枝、叶轴、羽片轴、花序轴密生黄棕色绒毛，具刺（非扁刺，基部稍膨大）。叶为二回羽状复叶，羽片有小叶 7～13 片，基部有小叶 1 对；小叶厚纸质，卵形至长圆状卵形，边缘有细锯齿，两面被黄棕色绒毛。花杂性；伞形花序（直径 1.8～2.8 厘米）组成大的圆锥花序；花淡绿白色，花梗长 0.8～1.5 厘米；花瓣 5 片；雄蕊 5 枚。果实球形，具 5 棱，成熟时黑色。花期 7—9 月，果期 9—12 月。

　　南安市部分乡镇可见，多生于海拔 1000 米以下的阳坡山地或疏林地。根、皮为民间草药，有祛风除湿、散瘀消肿的功效。

鹅掌柴

【科属名】五加科鹅掌柴属

【学　名】*Heptapleurum heptaphyllum*（L.）Y. F. Deng

【别　名】鸭母树（《种子植物名称》）

　　常绿乔木。叶为掌状复叶，有小叶 5～11 片，叶柄长可达 30 厘米；小叶纸质至革质，椭圆状长圆形至倒卵状椭圆形，幼时被星状短柔毛，边缘全缘，幼树常有锯齿或呈羽状分裂，小叶柄长可达 5 厘米。花两性；总状排列的伞形花序再组成顶生的圆锥花序；伞形花序有花 10～15 朵，总花梗纤细；花瓣常 5 片，绿白色；雄蕊常 5 枚。浆果球形，成熟时黑色。花期 11—12 月，果期 2—5 月。

　　南安市各乡镇常见，多生于海拔 800 米以下的林缘、旷野或山地路边。花期很长，是冬季的主要蜜源植物。木材可供火柴杆、蒸笼等用材。

鹅掌藤

【科属名】五加科鹅掌柴属

【学　名】*Heptapleurum arboricola* Hayata

【别　名】七叶莲

　　常绿半藤状灌木。叶为掌状复叶，有小叶常 7~9 片，叶柄长可达 18 厘米；小叶革质，倒卵状长圆形或长圆形，边缘全缘，两面无毛，小叶柄长可达 3 厘米。花两性；总状排列的伞形花序再组成顶生的圆锥花序；伞形花序有花常 8~10 朵；花瓣常 5 片，绿白色；雄蕊常 5 枚。浆果球形，穗状，成熟时金黄色。花期 10—11 月，果期翌年 1—2 月。

　　原产于热带和亚热带地区。南安市部分乡镇可见栽培，多见于公路绿化带、住房小区或公园。适应性极强，耐阴、耐寒、耐湿、耐旱、耐修剪，园林用途十分广泛，可作绿篱、林下灌木、地被植物、盆栽等。

澳洲鹅掌柴

【科属名】五加科鹅掌柴属

【学　名】*Heptapleurum microphylla* Merr.

　　常绿小乔木，高可达 12 米。叶为掌状复叶，互生，小叶常 8~11 片，叶柄基部膨大呈棒头状；小叶革质，长椭圆形，边缘全缘，两面无毛。花两性；多数小伞形花序组成总状花序，总状花序在顶部轮生（辐射状），花小，红色。花期 7—9 月。

　　原产于澳洲。南安市部分乡镇可见栽培，多见于公园或房前屋后。四季常绿，植株丰满，姿态优美，可种植于公园、住房小区、庭院、学校等绿地，极具观赏性。适合大型盆栽，摆放在客厅、阳台、会议室、阅览室等，展现自然和谐的绿色环境。不耐严寒，山区乡镇高海拔村庄不宜种植。

白簕（bái lè）

【科属名】五加科五加属

【学　名】*Eleutherococcus trifoliatus* S. T. Hu

落叶灌木。小枝具扁平刺。叶为掌状复叶，有小叶 3 片，叶柄长可达 6 厘米；小叶纸质，椭圆状卵形至椭圆状长圆形，边缘有细锯齿或钝齿，两面无毛。花两性；伞形花序多个，组成顶生复伞形花序或圆锥花序，花黄绿色；花瓣 5 片，开花时反曲；雄蕊 5 枚。果扁圆形，成熟时黑色。花期 8—11 月，果期 9—12 月，边开花边结果。

南安市部分乡镇可见，多生于路旁、林缘的灌丛中。民间草药，根有祛风除湿、舒筋活血、消肿解毒的功效。

树参

【科属名】五加科树参属

【学　名】*Dendropanax dentiger*（Harms）Merr.

常绿小乔木或灌木。叶为单叶，互生，厚纸质或革质，基出脉 3 条。叶形变异很大，全缘叶椭圆形至线状披针形；分裂叶倒三角形，掌状 2～3 深裂或浅裂，边缘全缘（有时近顶端具有不明显细锯齿 1 个至数个）。叶片常具半透明红棕色粗大腺点。花两性；伞形花序顶生，单生或聚生成复伞形花序，总花梗粗壮；花瓣 5 片；雄蕊 5 枚。果实椭圆形，具棱，成熟时紫黑色，花柱宿存。花期 8—10 月，果期 9—12 月。

南安市翔云镇、向阳乡等少数乡镇可见，多生于疏林地。民间草药，根、茎、叶治偏头痛、风湿痹痛等症。

常春藤

【科属名】五加科常春藤属

【学　名】*Hedera nepalensis* var. *sinensis*（Tobl.）Rehd.

【别　名】山葡萄、中华常春藤

常绿木质藤本。茎有气生根。叶为单叶，互生，革质，在不育枝上常为三角状卵形或三角状长圆形，边缘全缘或3裂；在花枝上常为椭圆状卵形至椭圆状披针形，略歪斜而带菱形，边缘全缘或1～3浅裂；叶柄细长（长可达9厘米）。花两性；伞形花序单个顶生，或多个总状排列或伞房状排列组成的圆锥花序，花淡绿白色，芳香；花瓣5片；雄蕊5枚。果实球形，成熟时黄色。花期9—11月，果期翌年3—5月。

南安市蓬华镇等少数乡镇可见，攀援于其他树上。全株入药，有舒筋散风的功效。

八角金盘

【科属名】五加科八角金盘属

【学　名】*Fatsia japonica*（Thunb.）Decne. et Planch.

【别　名】手树

常绿灌木。幼枝、叶和花序密被绒毛（成长后脱落）；茎粗壮，无刺。叶片大，革质，近圆形，常7～9深裂，裂片椭圆状圆卵形，边缘具锯齿；叶柄细长（长可达30厘米）。花两性或杂性；伞形花序再组成圆锥花序，顶生；花瓣5片；雄蕊5枚。花期9—10月，果期翌年4月。

原产于日本。南安市部分乡镇可见栽培，多见于公园或庭院。叶形优美，翠绿光亮，是良好的室内观叶植物；较耐阴，也是优良的林下地被植物。

杜鹃花科 Ericaceae

杜鹃

【科属名】杜鹃花科杜鹃花属
【学　名】*Rhododendron simsii* Planch.
【别　名】映山红(《本草纲目》)、山踯躅(《本草纲目》)

　　常绿灌木。单叶互生,薄革质,春发叶椭圆形至长圆状椭圆形,夏发叶近圆形,两面被糙伏毛。花两性;伞形花序顶生,有花2~6朵;花冠红色,上部裂片具深红色斑点;雄蕊10枚。蒴果三角状卵形,密被糙伏毛。花期3—5月,果期7—9月。

　　南安市各乡镇极常见,多生于山地、林缘、旷野的灌丛中,为酸性土壤的指示植物。杜鹃花是我国传统名花,被誉为"花中西施",花色鲜红,满山遍野,灿若云锦,具有极高的观赏价值。

　　我国是杜鹃花的王国,拥有着世界60%的杜鹃花原种。最引人瞩目且大名鼎鼎的应属云南省腾冲县高黎贡山的大树杜鹃,也称"巨树杜鹃",至今数量不足3000株,树高可达30米,被列为国家一级保护濒危珍稀植物。(引自电视纪录片《花开中国》)

锦绣杜鹃

【科属名】杜鹃花科杜鹃花属
【学　名】*Rhododendron × pulchrum* Sweet
【别　名】毛杜鹃

　　常绿灌木。幼枝密被糙伏毛。单叶互生,椭圆形至椭圆状披针形;春叶纸质,嫩叶两面被伏毛,成长叶表面无毛,秋叶革质,形大而多毛。伞形花序顶生,有花1~5朵,花玫瑰色,上部裂片具紫红色斑点。花期3—5月,未见结果。

　　南安市各乡镇可见栽培。形态优美,艳紫妖红,是常用的园林观花树种之一。适应性强,耐半阴、耐干旱、耐贫瘠、耐修剪,可成片或带状种植,亦可作绿篱、灌木球、花坛造景、盆栽等,观赏效果极佳。耐严寒,山区高海拔村庄可以种植。不耐潮风、不耐盐碱,水头镇、石井镇沿海村庄不宜种植。

比利时杜鹃

【科属名】杜鹃花科杜鹃花属

【学　名】*Rhododendron hybrida* Hort.

【别　名】杂种杜鹃、西洋杜鹃

常绿灌木。植株低矮，分枝多；嫩枝密被黄棕色贴伏毛。单叶互生，纸质，幼叶青色，成熟叶浓绿，叶片集生于枝顶，椭圆形至椭圆状披针形，顶端急尖，具短尖头，两面具淡黄色贴伏毛。总状花序，顶生，有花1—3朵，簇生；花萼较大，5裂，裂片披针形；花冠阔漏斗形，红色。蒴果。四季有花，盛花期在冬春季。

南安市部分乡镇可见栽培。花朵繁茂，花色艳丽，明媚动人，可种植于公园、庭院、住房小区、学校、厂区、道路两侧等绿地，观赏效果极佳；节日期间，将盆栽摆放在阳台、窗台、室内，可增添节日气氛。

满山红

【科属名】杜鹃花科杜鹃花属

【学　名】*Rhododendron farrerae* Tate ex Sweet

落叶灌木。嫩枝被糙伏毛。叶互生，常3片聚生于枝顶，纸质或厚纸质，椭圆形或阔卵形，初时两面疏被长柔毛，后无毛。花两性；花单朵顶生或2朵排成顶生的伞形花序，花淡粉红色；雄蕊10枚。蒴果三角状卵形，外被刚毛状毛，果梗直立。花期4—5月，果期10—12月。

南安市翔云镇等少数乡镇可见，多生于疏林地、林缘、山地路边的灌丛中。

短尾越橘

【科属名】杜鹃花科越橘属
【学　名】*Vaccinium carlesii* Dunn
【别　名】福建乌饭树

　　常绿灌木或小乔木。嫩枝纤细红褐色，疏被微柔毛或无毛，老枝无毛。单叶互生，革质，披针形、卵状披针形至披针状长圆形，顶端尾状渐尖，边缘有锯齿。花两性；总状花序腋生和顶生，花序轴近无毛；花冠白色，钟形，顶端5裂，外面无毛。浆果球形，无毛。花期5—6月，果期8—11月。
　　南安市部分乡镇可见，多生于疏林地、林缘、山坡的灌丛中，为酸性土指示植物。果成熟时味甜，可生食或用来酿酒。

黄背越橘

【科属名】杜鹃花科越橘属
【学　名】*Vaccinium iteophyllum* Hance
【别　名】鼠刺乌饭树（《福建植物志》）

　　常绿灌木或小乔木。幼枝、叶柄、花序、花梗、花萼均密被黄锈色短柔毛。单叶互生，革质，椭圆形或椭圆状长圆形，先端渐尖至长渐尖，边缘有疏浅锯齿，背面密被黄锈色短柔毛。总状花序腋生；花冠坛状，白色，裂齿略带淡红色。浆果球形，被短柔毛。花期4—5月，果期6—8月。
　　南安市部分乡镇可见，多生于疏林地、林缘、山坡的灌丛中。

笃斯越橘

【科属名】杜鹃花科越橘属

【学　名】*Vaccinium uliginosum* L.

【别　名】蓝莓

　　落叶灌木。嫩枝密被白色微柔毛，老枝无毛。单叶互生，纸质，倒卵形、椭圆形至长圆形，边缘全缘，背面微被柔毛。花两性；花1~3朵生于枝顶叶腋，下垂；萼齿4~5个；花冠4~5浅裂；雄蕊10枚。浆果近球形或椭圆形，成熟时蓝色。花期6月，果期7—8月。

　　原产于黑龙江、内蒙古、吉林等地。南安市部分乡镇可见栽培，多生于房前屋后。果实酸甜，可生食、酿酒或制成果酱。

报春花科 Primulaceae

鲫鱼胆

【科属名】报春花科杜茎山属

【学　名】*Maesa perlarius*（Lour.）Merr.

　　常绿灌木。小枝被硬毛或短柔毛。单叶互生，纸质或坚纸质，广椭圆状卵形至椭圆形，长7~11厘米，宽3~5厘米，边缘具粗锯齿，幼时两面被硬毛，后表面近无毛，背面被硬毛。花两性或杂性；总状花序或圆锥花序腋生，被硬毛；花萼裂片广卵形，被硬毛；花冠白色，钟形。浆果球形或近椭圆形，成熟时粉白色。花期2—4月，果期11月至翌年5月。

　　南安市各乡镇常见，多生于林缘、路边、荒野或农村闲杂地。嫩叶可作蓝色染料。

蜡烛果

【科属名】报春花科蜡烛果属

【学　名】*Aegiceras corniculatum*
　　　　　　（Linn.）Blanco

【别　名】桐花树

　　灌木或小乔木，高 1～2 米。单叶互生，革质，倒卵形或椭圆形，顶端圆形或微凹，边缘全缘，两面密布小窝点，背面密被微柔毛。花两性；伞形花序生于枝条顶端，有花 10 余朵，无柄；花萼紧包花冠；花冠白色，裂片 5，花时反折；雄蕊 5 枚。蒴果圆柱形，弯曲如新月形，顶端长渐尖。花期 4 月，果期 8—9 月。

　　蜡烛果是红树林组成树种之一。产自广西、广东、福建及南海诸岛，生于海边潮水涨落的污泥滩上，有防风、防浪、固堤的作用。南安市水头镇、石井镇可见栽培。木材是很好的薪炭柴。

多枝紫金牛

【科属名】报春花科紫金牛属

【学　名】*Ardisia sieboldii* Miq.

【别　名】东南紫金牛（《中国高等植物图
　　　　　　鉴》）

　　常绿灌木。分枝多，小枝粗壮。单叶互生，厚纸质，椭圆状卵形或倒卵形，顶端钝或急尖，边缘全缘，侧脉两面明显（背面明显凸起），两面无毛。花两性；伞形花序或聚伞花序，生于小枝顶端叶腋，多花；花萼裂片卵形，具少数腺点；花冠 5 片，粉白色，广卵形，具腺点。浆果球形，不具棱，成熟时红色至黑色。花期 5—6 月，果期 7—8 月。

　　南安市北山生态公园可见。

罗伞树

【科属名】报春花科紫金牛属

【学　名】*Ardisia quinquegona* Blume

　　常绿灌木或小乔木状。嫩枝被锈色鳞片。单叶互生，坚纸质，长圆状披针形、椭圆状披针形至倒披针形，边缘全缘，侧脉两面不甚明显，两面无毛。花两性；聚伞花序腋生；花萼裂片三角状卵形；花冠5片，白色，广椭圆状卵形，具腺点。浆果扁球形，具5钝棱，成熟时紫黑色。花期5—6月，果期12月至翌年1—2月。

　　南安市部分乡镇可见，多生于疏林地、林缘或林下。全株入药，有消肿、清热解毒的功效。木材是很好的薪炭柴。

朱砂根

【科属名】报春花科紫金牛属

【学　名】*Ardisia crenata* Sims

【别　名】石青子（《植物名实图考》）

　　常绿灌木。植株无毛。单叶互生，薄革质，椭圆形、椭圆状披针形至倒披针形，边缘具皱波状或波状齿，具明显的边缘腺点。花两性；伞形花序或聚伞花序，着生于特殊花枝顶端；花萼裂片长圆状卵形，具腺点；花冠白色而略带粉红，具腺点。浆果球形，成熟时鲜红色。花期6月，果期10—12月至翌年1月。

　　南安市部分乡镇可见，多生于山地林下或沟谷荫湿地。红果累累，奔放热烈，园艺上常栽培作盆栽供观赏。根、叶入药，有祛风除湿、散瘀止痛、通经活络的功效。

山血丹

【科属名】报春花科紫金牛属

【学　名】*Ardisia lindleyana* D. Dietrich

【别　名】沿海紫金牛(《中国高等植物图鉴》)

　　灌木或小灌木。嫩枝被细微柔毛。单叶互生，革质或近坚纸质，长圆形至椭圆状披针形，边缘近全缘或具微波状齿，齿尖具边缘腺点，侧脉连成边缘脉，背面被细微柔毛。花两性；伞形花序，着生于侧生特殊花枝顶端；花萼裂片长圆状披针形或卵形；花瓣白色，具明显腺点。浆果球形，成熟时鲜红色。花期5—8月，果期10—12月。

　　南安市部分乡镇可见，多生于山坡、林缘或沟谷林下。根入药，有活血通经、祛风止痛的功效。

白花酸藤果

【科属名】报春花科酸藤子属

【学　名】*Embelia ribes* Burm. f.

　　常绿攀援灌木或藤本。小枝无毛。单叶互生，坚纸质，倒卵状椭圆形或长圆状椭圆形，背面常被薄白粉，边缘全缘，两面无毛；叶柄两侧具狭翅。花常单性，雌雄同株或异株；圆锥花序顶生；花常5数，稀4数；花瓣淡绿色或白色，离生；雄蕊在雄花中与花瓣近等长，在雌花中较短；雌蕊在雄花中退化，在雌花中短于花瓣。浆果球形，成熟时深紫色。花期2—7月，果期5—11月。

　　南安市部分乡镇可见，多生于山地林内、林缘、山地路边的灌木丛中。果味甜，可食用。

酸藤子

【科属名】报春花科酸藤子属

【学　名】*Embelia laeta* (L.) Mez

【别　名】酸果藤(《中国高等植物图鉴》)、
　　　　　信筒子

　　常绿攀援灌木或藤本。枝叶无毛。单叶互生，坚纸质，倒卵形或长圆状倒卵形，顶端圆形、钝或微凹，背面常被薄白粉，边缘全缘。花常单性，雌雄同株或异株；总状花序腋生或侧生，有花3～8朵；花4数；花瓣白色或带淡黄色，离生；雄蕊在雄花中较花瓣长，在雌花中退化或较短；雌蕊在雄花中退化或无，在雌花中较花瓣长。浆果球形。花期12月至3月，果期翌年4—6月。

　　南安市各乡镇极常见，多生于疏林地、林缘、山地路边或荒野。根、叶入药，有散瘀止痛、收敛止泻的功效。嫩叶和果可食。

密齿酸藤子

【科属名】报春花科酸藤子属

【学　名】*Embelia Vestita* Roxb.

【别　名】网脉酸藤子(《福建植物志》)

　　常绿攀援灌木或小乔木。小枝密布皮孔。单叶互生，坚纸质，长圆状卵形或椭圆状披针形，边缘具细锯齿（有时具重锯齿），两面无毛，网脉明显隆起，两面具腺点。花常单性，雌雄同株或异株；总状花序腋生，被微柔毛；花5数；花瓣白色或淡绿白色，离生；雄蕊在雄花中与花瓣等长，在雌花中退化；雌蕊在雌花中与花瓣等长。浆果球形，成熟时红色或蓝黑色。花期11—12月，果期12月至翌年2月。

　　南安市翔云镇、英都镇等少数乡镇可见，生于山地林下或疏林地。根、茎入药，有清凉解毒、滋阴补肾的功效。

密花树

【科属名】报春花科铁仔属

【学　名】*Myrsine Seguinii* H. Léveillé

　　常绿大灌木或小乔木。枝叶无毛，常具皮孔。单叶互生，革质，长圆状倒披针形至倒披针形，基部楔形，多少下延，边缘全缘。花两性或单性（雌雄异株）；伞形花序簇生，有花3～10朵；花5数；花瓣粉白色，基部连合，花时反卷，具腺点；雄蕊在雄花中着生于花冠中部，在雌花中退化；雌蕊与花瓣等长或超过花瓣，花柱极短，柱头伸长。浆果球形，成熟时紫红色。花期3—4月，果期10—12月。

　　南安市翔云镇等少数乡镇可见，多生于疏林地中。

山榄科 Sapotaceae

人心果

【科属名】山榄科铁线子属

【学　名】*Manilkara zapota*（L.）van Royen

【别　名】长寿果

　　常绿乔木。叶为单叶，常密生于枝顶，互生，革质，长圆形至卵状椭圆形，边缘全缘，两面无毛。花两性；单朵至多朵生于叶腋，花梗密被锈色绒毛；花萼6裂，排成2轮；花冠白色，6裂；能育雄蕊6枚，退化雄蕊6枚，花瓣状。浆果纺锤形或卵形，褐色。花期7—8月，果几乎全年可见。

　　原产于美洲热带地区。南安市部分乡镇可见栽培，多见于公园或房前屋后。果味甜可食或制成饮料。树干的乳汁为制作口香糖的原料。

蛋黄果

【科属名】山榄科桃榄属属

【学　名】*Pouteria campechiana*（Kunth）
　　　　　Baehni

【别　名】仙桃、蛋果（《中国果树分类学》）

　　常绿小乔木，高可达5米。小枝圆柱形，粗壮。单叶互生，坚纸质，狭椭圆状披针形，边缘全缘，略呈微波状，两面无毛。花两性；花常1~2朵生于叶腋；花萼5裂；花冠淡黄色，5~6裂；能育雄蕊5枚，退化雄蕊5枚。浆果卵形或倒卵形，成熟时蛋黄色。花果期几乎全年。

　　原产于古巴及北美洲热带地区。南安市部分乡镇可见栽培，多见于庭院、公园、住房小区和农村闲置地。果实可鲜食、制酱或酿酒。

柿科 Ebenaceae

油柿

【科属名】柿科柿属

【学　名】*Diospyros oleifera* Cheng

　　落叶乔木。幼枝密被柔毛；树皮片状剥落后露出灰白色内皮。叶互生，纸质，长圆形或长圆状倒卵形，两面密被柔毛。花单性，雌雄异株；雄花序常有花3朵，雌花单生；雄花花萼裂片卵状三角形，花冠壶形，边缘反卷，雄蕊16枚；雌花花萼裂片广坛形。浆果近球形，有的略呈4棱，成熟时黄红色，果蒂反卷，果实表面有软毛。花期4月，果期8—9月。

　　原产于福建省长汀、屏南、泰宁等地，南安市眉山乡等少数乡镇可见栽培，多见于农村闲杂地。未成熟的果实榨汁，称柿漆，可用来染纸伞或衣帛，有防水的作用；成熟的果实可食用。苗木可作柿树的砧木。

乌材

【科属名】柿科柿属

【学　名】*Diospyros eriantha* Champ. ex Benth

　　常绿乔木或灌木。幼枝、叶背中侧脉、叶柄密被锈色长硬毛；树干密生皮孔。叶互生，厚纸质，长椭圆状披针形，具稀疏缘毛，表面深绿色，侧脉5~7对，边缘全缘。花单性，雌雄异株；雄花2~3朵簇生于叶腋，雌花单生；花冠白色，裂片4片。浆果长圆形，初时密被锈色长硬毛，后渐脱落，成熟时黑紫色。花期7—8月，果期11月至翌年2月。

　　南安市眉山乡等少数乡镇可见，多生于疏林地、阔叶林或山谷溪畔林中。材质硬重，耐腐，可作建筑、农具和家具等用材，可制作著名的"乌木筷子"。

延平柿

【科属名】柿科柿属

【学　名】*Diospyros tsangii* Merr.

　　落叶灌木。嫩枝密被锈色柔毛；小枝有近圆形或椭圆形的纵裂皮孔。单叶互生，纸质，长圆形至长圆状椭圆形，表面淡绿色，背面绿白色，嫩叶叶边有睫毛，成长叶背面中脉疏被短柔毛；叶柄疏被锈色短柔毛。花单性，雌雄异株；雄花1~3朵组成聚伞花序，雌花单生；花萼钟形，4深裂；花冠坛状，4裂。浆果扁球形，嫩时表面被柔毛，成熟时黄色，光亮，无毛。花期2—5月，果期8—9月。

　　南安市仅翔云镇可见，多生于林缘或疏林地中。

罗浮柿

【科属名】柿科柿属

【学　名】*Diospyros morrisiana* Hance

常绿小乔木。叶互生，革质，长椭圆形或卵状披针形，背面淡绿色。花单性，雌雄异株；雄花序为聚伞花序，雌花单生；雄花萼钟状，雌花萼浅杯状；花冠近壶形，淡黄白色。浆果球形，成熟时浅黄色，宿存萼近方形，果实表面无毛。花期5—6月，果期10—11月。

南安市大部分乡镇可见，多生于疏林地中。绿果熬成膏，晒干研粉，撒敷，可治烫伤。木材可作家具、器具等用材。

柿

【科属名】柿科柿属

【学　名】*Diospyros kaki* Thunb.

【别　名】红柿（闽南方言）、柿树

落叶大乔木。树皮鳞片状开裂。单叶互生，薄革质，卵状椭圆形或倒卵形，背面疏被短柔毛，边缘全缘。花单性，雌雄异株；雄花序为聚伞花序，腋生，常为3朵花，花萼4深裂，花冠4裂；雌花常单生于叶腋，花冠淡黄白色，较花萼短小。浆果常为球形，成熟时红色，花萼宿存，表面无毛。花期3—5月，果期9—10月。

原产于我国长江流域。南安市各乡镇常见栽培，或已逸为野生。果可生食或制成柿饼，以蓬华镇的柿饼最为有名。柿霜（柿饼外的白霜）可入药，有润肺生津、祛痰镇咳的功效，治口疮。木材质地硬重，纹理细致，可作工具柄、器具、雕刻等用材。

野柿

【科属名】柿科柿属

【学　名】*Diospyros kaki* var. *silvestris* Makino

　　柿的变种，多生于疏林地或次生林地，是山野自生柿树，与柿的主要区别是：小枝及叶柄密被黄褐色短柔毛；叶较小，叶背的毛较多；花较小，果较小（直径不超过 5 厘米）。果脱涩后可食。

山矾科 Symplocaceae

白檀

【科属名】山矾科山矾属

【学　名】*Symplocos paniculata*
　　　　（Thunb.）Miq.

　　落叶灌木或小乔木。嫩枝疏被柔毛，老枝无毛。单叶互生，薄纸质、阔倒卵形、椭圆状倒卵形或卵形，边缘具锯齿，两面几乎无毛。花两性；圆锥花序顶生或腋生，无毛；花冠白色，5 深裂几达基部；雄蕊 40～60 枚。核果卵状球形，表面无毛，成熟时蓝黑色。花期 4—5 月，果期 9—10 月。

　　南安市部分乡镇可见，多生于林缘、山地路边、疏林地的灌丛中。

老鼠矢

【科属名】山矾科山矾属

【学　名】*Symplocos stellaris* Brand

　　常绿小乔木。小枝粗壮，髓心中空，具横隔；芽、嫩枝均被绒毛。单叶互生，厚革质，披针状椭圆形或狭长圆状椭圆形，表面有光泽，边缘全缘或中部以上具疏小尖齿，两面无毛。花两性；团伞花序生于无叶的小枝上，花白色；雄蕊15～25枚。核果狭卵状圆柱形，宿萼裂片直立。花期4—5月，果期6—9月。

　　南安市部分乡镇可见，多生于林缘、山地路边或疏林地中。

密花山矾

【科属名】山矾科山矾属

【学　名】*Symplocos congesta* Benth.

　　常绿乔木或灌木。幼枝、芽均被柔毛。叶互生，革质，椭圆形或倒卵形，边缘全缘（有时疏生细尖锯齿），两面无毛。花两性；团伞花序腋生或生于无叶的小枝上，花白色；雄蕊约50枚。核果圆柱形，成熟时紫蓝色，宿萼裂片直立。花期8—11月，果期翌年1—2月。

　　南安市翔云镇、向阳乡等少数乡镇可见，多生于林缘或山地林中。

羊舌树

【科属名】山矾科山矾属

【学　名】*Symplocos glauca*（Thunb.）Koidz.

　　常绿小乔木。芽、嫩枝、花序均密被短绒毛。单叶互生，薄革质，常簇生于小枝上端，狭椭圆形或倒披针形，边缘全缘，背面苍白色，两面无毛。花两性；短穗状花序（花序较叶柄长，但不超过叶柄的2倍），在花蕾时呈团伞状，腋生或生于无叶的小枝上，花白色；雄蕊30～40枚。核果狭卵形，中下部稍膨大，顶端狭。花期6—7月，果期8—10月。

　　南安市部分乡镇可见，多生于林缘或山地林中。木材可作建筑、家具、文具等用材。

光叶山矾

【科属名】山矾科山矾属

【学　名】*Symplocos lancifolia* Sieb. et Zucc.

　　常绿小乔木。树皮灰褐色，平滑；芽、嫩枝、花序均被黄褐色柔毛。单叶互生，纸质或薄革质，卵形至阔披针形，先端尾状渐尖，边缘具浅钝锯齿，背面除中脉疏被柔毛外均无毛，中脉在上面平贴（绝不凹下）。花两性；穗状花序腋生（花序超过叶柄的3倍以上）；花萼5裂；花冠5深裂，淡黄色。核果近球形，宿萼直立。花期3—11月，果期6—12月。

　　南安市翔云镇、向阳乡等少数乡镇可见，多生于沟谷或山地林中。根药用，治跌打损伤。

山矾

【科属名】山矾科山矾属

【学　名】*Symplocos sumuntia* Buch.-
　　　　　Ham. ex D. Don

　　常绿灌木或小乔木。嫩枝无毛。单叶互生，革质，卵形、狭倒卵形、倒披针状椭圆形，顶端常呈尾状渐尖，边缘常具浅锯齿（稀近全缘），中脉在叶面凹下。花两性；总状花序腋生，被柔毛，花白色；雄蕊25～35枚。核果卵状坛形。花期2—3月，果期6—7月。

　　南安市部分乡镇可见，多生于疏林地、林缘、山坡的灌丛中。

南岭革瓣山矾

【科属名】山矾科革瓣山矾属

【学　名】*Cordyloblaste confusa*（Brand）
　　　　　Ridl.

【别　名】南岭山矾（《福建植物志》）

　　常绿小乔木。芽、苞片及花萼均被灰色或灰黄色柔毛。单叶互生，革质，椭圆形、倒卵状椭圆形或卵形，顶端急尖或短渐尖，边缘常具疏圆齿（有时全缘）。花两性；总状花序，腋生；花萼钟形；花冠白色，5深裂至中部；雄蕊40～50枚。核果卵形，疏被柔毛，宿萼裂片直立或内倾。花期7—8月，果期10—11月。

　　南安市翔云镇等少数乡镇可见，生于疏林地中。

安息香科 Styracaceae

赛山梅

【科属名】安息香科安息香属

【学　名】*Styrax confusus* Hemsl.

　　落叶小乔木。嫩枝、嫩叶两面密被星状毛，成长后脱落。单叶互生，近革质，椭圆形或倒卵状椭圆形，边缘有细锯齿。花单朵或2~3朵聚生于叶腋，或顶生总状花序3~8朵；花梗、花萼密被星状毛；花萼杯状，顶端有5齿；花冠5深裂，白色；雄蕊10枚。核果近球形，密被星状绒毛。花期4—6月，果期9—11月。

　　南安市部分乡镇可见，多生于海拔1000米以下的山地路边、疏林地或林缘灌丛中。木材可制农具；种子榨油可制肥皂或润滑油。

木樨科 Oleaceae

湖北梣（hú běi chén）

【科属名】木樨科梣属

【学　名】*Fraxinus Hubeiensis* S. Z. Qu, C. B.
　　　　　Shang & P. L. Su

【别　名】对节白蜡（《植物分类学报》）

　　落叶乔木。树皮深灰色；侧生小枝常呈棘刺状。叶为一回奇数羽状复叶，小叶常7~9枚，叶轴具狭翅，小叶着生处有关节，节上被白色短柔毛；小叶对生，革质，披针形至卵状披针形，边缘具锐锯齿。聚伞圆锥花序，密集簇生，无花冠；两性花花萼钟状，雄蕊2枚。翅果匙形。花期3月，果期9—10月。

　　原产于湖北省。南安市仅罗山国有林场（场部）有栽培。材质坚实，耐腐性强，是上等的家具、根雕等用材。

木樨（mù xī）

【科属名】木樨科木樨属
【学　名】*Osmanthus fragrans*（Thunb.）Loureiro
【别　名】桂花（闽南方言）

　　常绿灌木或小乔木。单叶对生，革质，椭圆形至长椭圆形，边缘具细锯齿或全缘，两面无毛。花两性或单性（雌雄异株）；聚伞花序簇生于叶腋，有花多朵，花极香；花冠4裂，黄白色。核果椭圆形，成熟时紫黑色。花期9—10月，果期翌年3—4月，少见结果。

　　我国传统名花，已列入福建省第一批主要栽培珍贵树种名录。南安市各地常见栽培。四季常青，香气浓郁，香飘万里，为优良的香化树种。可广泛种植于风景区、住房小区、厂区、医院、学校、寺庙等，增添几许桂香桂韵。花为名贵香料，可制作"桂花糕"、"桂花茶"、"桂花蜜"及"桂花糖"，酿制"桂花酒"。

丹桂

【科属名】木樨科木樨属
【学　名】*Osmanthus fragrans* var. *aurantiacus* Makino

　　园艺栽培品种，与桂花的主要区别是：花橘红色或橙黄色；花冠稍内扣；香味较淡。

四季桂

【科属名】木樨科木樨属

【学　名】*Osmanthus fragrans* 'Semperflorens'

　　园艺栽培品种，与桂花的主要区别是：叶的中脉与侧脉接近垂直；花白色或黄色；一年可开花数次，香味较淡。

李氏女贞

【科属名】木樨科女贞属

【学　名】*Ligustrum lianum* P. S. Hsu

【别　名】华女贞（《中国植物志》）

　　常绿灌木或小乔木。嫩枝被短柔毛。单叶对生，革质，椭圆形或长圆状椭圆形至卵状披针形，表面具明显凹陷腺点，背面密被腺点，边缘全缘。花两性；圆锥花序顶生；花冠白色，4裂，裂片长圆形，花冠管与花萼近等长或略长；雄蕊2枚。核果椭圆形，不弯曲，黑色或红褐色。花期5—6月，果期7月至翌年4月。

　　南安市翔云镇等少数乡镇可见，多生于海拔700米以上的疏林地中。

小蜡

【科属名】木樨科女贞属

【学　名】*Ligustrum sinense* Lour.

常绿灌木或小乔木。幼枝、花序轴被短柔毛。单叶对生，纸质，卵形、椭圆形至披针形，先端渐尖或钝或微凹。花两性；圆锥花序，顶生或腋生；花冠白色，4裂；雄蕊2枚。核果近圆形。花期2—6月，果期9—12月。

南安市各乡镇极常见，多生于山坡、山谷、溪边、路边、旷野的灌丛中。适应性强，对土壤要求不严，耐半阴，常栽培用作绿篱或盆景，亦可用于矿区绿化。果实可酿酒；种子榨油可制肥皂。

茉莉花

【科属名】木樨科素馨属

【学　名】*Jasminum sambac*（L.）Aiton

【别　名】茉莉

常绿攀援灌木。单叶对生，纸质，椭圆形或宽卵形，顶端急尖或钝圆，基部微心形，边缘全缘。花两性；聚伞花序顶生，通常有花3朵，浓香；花冠白色，裂片长圆形；雄蕊2枚，内藏。花期春秋两季，未见结果。

原产于印度。南安市各乡镇常见栽培。花洁白如玉，香气清雅，小巧可爱，可种植于庭院、公园、风景区、厂区、校园等绿地，亦作盆栽放置室内或阳台供观赏。花蕾与茶叶混合制成茉莉花茶；工业上，亦可提取茉莉花油。

茉莉花为福州市市花。

云南黄素馨

【科属名】木樨科素馨属

【学　名】*Jasminum mesnyi* Hance

【别　名】野迎春（《中国植物志》）、
云南黄馨（《中国树木分类学》）、南迎春

　　常绿灌木。枝条下垂，小枝四棱形，无毛。叶为三出复叶或小枝基部具单叶，对生；小叶近革质，卵形或椭圆状披针形，顶生小叶比侧生小叶大很多，边缘全缘，两面无毛。花通常单生于叶腋；花冠黄色，裂片长于花冠管。花期11月至翌年8月。

　　原产于贵州、云南。南安市各乡镇可见栽培。枝条细长，拱形下垂，碧叶黄花，常种植于水岸边、挡土墙缘、路缘、坡地、石园内，观赏性强。

　　本种和迎春花（J. nudiflorum Lindl.）很相似（园林上常把本种误称为迎春花），主要区别是：本种为常绿植物，花较大，花冠裂片长于花冠管；迎春花为落叶植物，花较小，花冠裂片短于花冠管。

锈鳞木樨榄

【科属名】木樨科木樨榄属

【学　名】*Olea europaea* subsp. *cuspidata*（Wall. ex G. Don）Cif.

【别　名】尖叶木樨榄

　　常绿灌木或小乔木。小枝褐色或灰色，近四棱形，无毛，密被细小鳞片。单叶对生，革质，狭披针形至长圆状椭圆形，顶端渐尖，具长凸尖头，两面无毛或有时在表面中脉被微柔毛，背面密被锈色鳞片；叶柄短，被锈色鳞片。花两性；圆锥花序，腋生，花白色。核果。

　　原产于云南、四川等地。南安市少数乡镇可见栽培，见于住房小区或公园。四季常青，形态优美，适应性强，耐修剪，常修剪成球形、伞形、宝塔形等，是优良的庭园造型绿化树种。耐严寒，山区乡镇高海拔村庄亦可种植。

钩吻科 Gelsemiaceae

钩吻

【科属名】钩吻科钩吻属

【学　名】*Gelsemium elegans* (Gardn. et Champ.) Benth.

【别　名】胡蔓藤(《福建植物志》)、
断肠草(《梦溪笔谈》)、
烂肠草(《本草纲目》)、
大茶药(《岭南采药集》)

常绿木质藤本。全株几乎无毛。单叶对生，纸质，卵形至卵状披针形，边缘全缘。花两性；聚伞花序，花黄色；花冠顶端 5 裂；雄蕊 4 枚，稍伸出花冠之外。蒴果卵形，光滑，未开裂时具 2 条纵槽。花期 5—11 月，果期 7 月至翌年 3 月。

南安市部分乡镇可见，多生于山地路旁、林缘的灌丛中。全株有剧毒，避免直接接触。鲜叶适量可治毒蛇咬伤。

龙胆科 Gentianaceae

非洲茉莉

【科属名】龙胆科灰莉属

【学　名】*Fagraea ceilanica* Thunb.

【别　名】灰莉(《植物学名词审查本》)

常绿灌木或乔木。全株无毛。单叶对生，稍肉质，椭圆形、倒卵形或长圆形，表面深绿色；叶柄基部具鳞片。花两性；聚伞花序，花白色，芳香；花冠裂片 5 片。浆果近球形。花期 4—8 月。

原产于我国台湾、海南、广东等地。南安市各地常见栽培。四季碧绿，枝叶繁茂，树形优美，适应性强，易粗放管理，是常用的园林观叶植物。耐修剪，常修剪成球，种植于庭院、公园、住房小区、厂区、学校等绿地供观赏，亦适合作绿篱。

夹竹桃科 Apocynaceae

黄花夹竹桃

【科属名】夹竹桃科黄花夹竹桃属
【学　名】*Thevetia peruviana*（Pers.）K. Schum.
【别　名】酒杯花

常绿灌木或小乔木。全株无毛，具乳汁。单叶互生，近革质，线状披针形，边缘全缘，无叶柄。花两性；聚伞花序顶生或腋生，有花1～6朵；花萼裂片5片，三角形；花冠黄色，漏斗状，裂瓣5片；雄蕊5枚。核果扁三角状球形，成熟后黑色。花果期几乎全年。

原产于美洲热带地区。南安市部分乡镇可见栽培。株形优美，枝繁叶茂，适应性强，是园林绿化中的优良树种，可种植于路旁、溪畔等绿地供观赏。全株有大毒，误食可致命。

因花的形状似高脚酒杯，又得名"酒杯花"。

红酒杯花

【科属名】夹竹桃科黄花夹竹桃属
【学　名】*Thevetia peruviana* "Aurantiaca"
【别　名】粉黄夹竹桃

栽培变种，与黄花夹竹桃的主要区别是：花橘红色或粉黄色。花姿优美，花形独特，为重要的园林观赏植物。

红鸡蛋花

【科属名】夹竹桃科鸡蛋花属

【学　名】*Plumeria rubra* L.

　　落叶小乔木。单叶互生，厚纸质，常聚生于枝条顶端，长圆状倒披针形或长椭圆形，边缘全缘，侧脉平行生长，在接近叶缘时网结。花两性；聚伞花序顶生；花冠深红色，喉部黄色，裂片5片；雄蕊5枚。蓇葖果双生，线状长圆形。花期5—10月。

　　原产于美洲热带地区。南安市各乡镇均有栽培。叶大深绿，花红味香，枝干粗壮，富有骨感，可种植于庭院、公园、住宅小区、公路绿化带等绿地，是优良的园林观赏树种。

鸡蛋花

【科属名】夹竹桃科鸡蛋花属

【学　名】*Plumeria rubra* 'Acutifolia'

【别　名】缅栀子(《植物名实图考》)

　　栽培变种，与红鸡蛋花的主要区别是：花冠上半部分为白色，下半部分为黄色。

　　因与煮熟的鸡蛋颜色相近而得名。

黄蝉

【科属名】夹竹桃科黄蝉属

【学　名】*Allamanda Schottii* Pohl

　　直立或半蔓性常绿灌木。具乳汁。叶3～5片轮生，厚纸质，椭圆形或倒卵状长圆形，背面中脉和侧脉被短柔毛，边缘全缘。花两性；聚伞花序顶生，花黄色；花萼5深裂，裂片披针形；花冠裂片5片，花冠筒基部膨大；雄蕊5枚，内藏。蒴果。花期4—7月。

　　原产于巴西。南安市部分乡镇可见栽培。花色灿烂，富丽堂皇，可种植于庭院、公园、学校、厂区、住房小区等绿地，或作道路绿化的地被灌木，或作绿篱。不耐严寒，山区乡镇高海拔村庄不宜种植。乳汁有毒，避免直接接触。

软枝黄蝉

【科属名】夹竹桃科黄蝉属

【学　名】*Allamanda cathartica* Linnaeus

　　藤状常绿灌木。具乳汁。叶常3～4枚（偶有5枚）轮生，有时对生或在枝的上部互生，厚纸质，长圆形或倒卵状长圆形，背面脉上疏被短柔毛，边缘全缘。花两性；聚伞花序顶生，花黄色；花萼5深裂，裂片披针形；花冠裂片5片，花冠筒基部不膨大，喉部具白色斑点；雄蕊5枚，内藏。蒴果。花期4—7月。

　　本种和黄蝉很相似，主要的区别是：本种的花冠筒基部不膨大，黄蝉的花冠筒基部膨大。

　　原产于巴西。南安市部分乡镇可见栽培。园林用途同黄蝉。不耐严寒，山区乡镇高海拔村庄不宜种植。乳汁有毒，避免直接接触。

狗牙花

【科属名】夹竹桃科山辣椒属

【学　名】*Tabernaemontana divaricata*（Linnaeus）R. Brown ex Roemer & Schultes

　　灌木。除萼片有缘毛外，其余无毛。单叶对生，坚纸质，椭圆形或椭圆状长圆形，边缘全缘。花两性；聚伞花序，腋生，常双生，近小枝顶部着花6～10朵；花萼5深裂；花冠白色，花冠筒圆筒状；雄蕊5枚，内藏。花期5—10月，未见结果。

　　原产于云南南部。南安市部分乡镇可见栽培。叶色翠绿，花色洁白素雅，花期很长，适应性强，为重要的衬景和调色树种，可种植于公园绿地、村庄闲杂地等。

糖胶树

【科属名】夹竹桃科鸡骨常山属

【学　名】*Alstonia scholaris*（L.）R. Br.

【别　名】盆架子、盆架树、面条树

　　常绿乔木。叶3～8片轮生，薄革质，倒卵状长圆形或倒披针形或匙形，边缘全缘，侧脉平行且密生，两面无毛。花两性；聚伞花序顶生，有花多朵，密集；花冠白色，高脚碟状。蓇葖果长条形。花期10—11月，果期12月至翌年3月。

　　原产于广西和云南。南安市部分乡镇可见栽培。树形独特，叶色亮绿，有一定的抗风和耐污染能力，可作行道树及观赏树。由于糖胶树的花朵中含有大量的氧化芳樟醇，开花时散发恶臭的味道，令人生厌，在人流量多的地方或居民区不宜大量种植。乳汁味道香甜，有胶性，可提制口香糖原料。

夹竹桃

【科属名】夹竹桃科夹竹桃属

【学　名】*Nerium Oleander* L.

【别　名】红花夹竹桃

　　直立常绿大灌木。叶 3～4 枚轮生，下枝为对生，狭披针形，侧脉平行且密生，直达叶缘。花两性；聚伞花序顶生，有花数朵；花粉红色，芳香。蓇葖果长圆形，具细纵条纹。花期几乎全年，很少结果。

　　原产于伊朗、印度、尼泊尔。南安市各地均有栽培。红花灼灼，胜似桃花，是常用的园林观花树种，可种植于公园、道路、风景区、厂房等绿地。观赏效果极佳；耐干旱贫瘠，管理粗放，亦是矿山修复的优良树种。全株有大毒，避免直接接触。

白花夹竹桃

【科属名】夹竹桃科夹竹桃属

【学　名】*Nerium oleander* 'Paihua'

　　栽培变种，与夹竹桃的主要区别是：花白色。园林用途同夹竹桃。

链珠藤

【科属名】夹竹桃科链珠藤属

【学　名】*Alyxia sinensis* Champ. ex Benth.

【别　名】阿利藤（《中国树木分类学》）、
　　　　　七里香《福建中草药》

　　藤状灌木。叶3片轮生或对生，革质，椭圆形或卵圆形，边缘反卷，先端圆（偶有微凹）。花两性；聚伞花序腋生或近顶生，花小，初时淡红色，后变白色。核果卵圆形，单生或呈念珠状。花期5—10月，果期6—12月。

　　南安市翔云镇、东田镇等少数乡镇可见，多生于疏林地、林缘的灌丛中。根有小毒，有解热镇痛、消痈解毒的功效，民间常用于治风火、齿痛、风湿性关节痛、胃痛和跌打损伤等。

长春花

【科属名】夹竹桃科长春花属

【学　名】*Catharanthus roseus*（L.）G. Don

【别　名】日日新

　　亚灌木。单叶对生，膜质，倒卵状长圆形，先端浑圆或钝，有小尖头，边缘全缘。花两性；聚伞花序腋生或顶生，有花2~3朵；花冠高脚碟状，裂片5片，粉红色至紫红色。菁葖果。花期几乎全年，未见结果。

　　原产于非洲东部。南安市部分乡镇可见栽培。花期长，花量大，花色桃红，耐半阴，耐干旱贫瘠，是优良的地被植物；不耐严寒，也不耐盐碱，山区高海拔村庄和沿海区域不宜种植。全株有毒性，乳汁含长春花碱，被提炼出来作为多种癌症的化学治疗药物。

　　常见的栽培变种有：①白长春花（cv. 'Albus'），花白色。②黄长春花（cv. 'Flavus'），花黄色。

羊角拗（yáng jiǎo ǎo）

【科属名】夹竹桃科羊角拗属

【学　名】*Strophanthus divaricatus*
　　　　　（Lour.）Hook. et Arn.

【别　名】鲤鱼橄榄

　　常绿灌木，枝条上部蔓生状。单叶对生，纸质，椭圆形或椭圆状长圆形，边缘全缘，两面无毛。聚伞花序顶生，常3朵花，淡黄色；花冠裂片5片，外弯，顶端延长成1个长尾带状（长可达10厘米），裂片之间具2枚副花冠。蓇葖果广叉开，长圆锥形，基部膨大，具纵条纹。花期3—7月，果期6月至翌年2月。

　　南安市部分乡镇可见，多生于干燥的丘陵山地、山坡灌木丛中。全株有毒，尤以种子的毒性最强，误食可致命。

酸叶胶藤

【科属名】夹竹桃科水壶藤属

【学　名】*Urceda rosea*（Hooker & Arnott）
　　　　　D. J. Middleton

【别　名】乳藤（《种子植物名称》）

　　木质大藤本。茎皮无明显皮孔。单叶对生，纸质，阔椭圆形，顶端急尖，背面被白粉，两面无毛。花两性；聚伞花序顶生，有花多朵，花小，粉红色；花萼5深裂；花冠裂片5片；雄蕊5枚。蓇葖果圆筒状披针形，叉开后近一条直线。花期5—12月，果期7月至翌年1月。

　　南安市部分乡镇可见，多生于海拔600米以下的山地杂木林中、水沟边、溪边，攀附在其他大树上。

络石

【科属名】夹竹桃科络石属

【学　名】*Trachelospermum jasminoides*
（Lindl.）Lem.

【别　名】白花藤（《植物名实图考》）、
钳壁龙（闽南方言）

常绿木质藤本。具乳汁；嫩枝、叶柄被柔毛。单叶对生，革质，椭圆形至卵状椭圆形，边缘全缘。花两性；二歧聚伞花序腋生或顶生，花白色，芳香；花冠筒中部膨大，花冠裂片5片。蓇葖果叉开，线状披针形。花期3—7月，果期8—12月。

南安市部分乡镇可见，多生于路边、旷野，或缠绕于树上，或攀援于墙壁、岩壁上。根、茎、叶、果实入药，有祛风活络、利关节、止血、止痛消肿、清热解毒之功效。花可提取"络石浸膏"。乳汁有毒，避免直接接触。

沙漠玫瑰

【科属名】夹竹桃科沙漠玫瑰属

【学　名】*Adenium obesum*（Forssk.）Roem. & Schult.

【别　名】天宝花

多肉灌木。单叶互生，集生枝顶，革质，倒卵形或倒卵状披针形，边缘全缘。花两性；聚伞花序顶生，有花3～6朵；花萼密被短柔毛，裂片披针形；花冠漏斗状，5裂，裂片边缘波状。花期几乎全年，未见结果。

原产于非洲及阿拉伯半岛。南安市部分乡镇可见栽培。喜高温干燥的环境，耐酷暑，不耐寒。花期长，花色品种多，花大艳丽，多用于盆栽观赏。

因原产地接近沙漠且红如玫瑰，故得名"沙漠玫瑰"，并不是生长在沙漠中的植物。全株有毒，避免直接接触。

钉头果

【科属名】夹竹桃科钉头果属

【学　名】*Gomphocarpus fruticosus*（L.）W. T. Aiton

　　落叶灌木。具乳汁。单叶对生，纸质，线状披针形，边缘全缘。花两性；聚伞花序腋生，有花多朵；花蕾圆球状；花萼5深裂；花冠宽卵圆形，5深裂；副花冠兜状，红色；雄蕊5枚，与雌蕊粘合成中心柱。蓇葖果近圆形，肿胀，外果皮具软刺。花期5—6月，果期9—10月。

　　原产于地中海沿岸。南安市仅翔云镇可见栽培，见于农村闲杂地。

匙羹藤（chí gēng téng）

【科属名】夹竹桃科匙羹藤属

【学　名】*Gymnema sylvestre*（Retz.）Schult.

【别　名】武靴藤、乌鸦藤

　　常绿木质藤本。具乳汁；嫩枝、叶柄、花梗被短柔毛。单叶对生，纸质，匙形或卵状长圆形；叶柄顶端有丛生腺体。花两性；聚伞花序腋生，花小，淡黄绿色；花萼裂片5片；花冠钟状，5深裂；副花冠成硬条带；雄蕊5枚。蓇葖果卵状披针形，基部膨大。花期4—6月，果期8—12月。

　　南安市部分乡镇可见，多生于山坡林中或路边灌木丛中。植株有小毒。

旋花科 Convolvulaceae

树牵牛

【科属名】旋花科虎掌藤属

【学　名】*Ipomoea carnea* subsp. *fistulosa* D. F. Austin

披散灌木，高可达 3 米。嫩枝密被短柔毛，具白色乳汁。单叶互生，纸质，宽卵形或卵状长圆形，顶端渐尖，具小尖头，边缘全缘，两面密被短柔毛（老时表面无毛），背面近基部中脉两侧各有 1 枚腺体；叶柄长可达 15 厘米。花两性；花数朵排成聚伞花序，腋生或顶生；花萼 5 片；花冠漏斗状，淡红色；雄蕊和花柱内藏。蒴果。花期 9—11 月。

原产于美洲热带地区。南安市金淘镇等少数乡镇可见栽培。枝叶浓密，花大且美丽，可种植于公园、庭院、寺庙、学校等绿地，供观赏。

紫草科 Boraginaceae

破布木

【科属名】紫草科破布木属

【学　名】*Cordia dichotoma* Forst.

落叶乔木。嫩枝、嫩叶被疏毛。单叶互生，薄革质，卵形至长圆状卵形，边缘常全缘呈微波状（稀中部以上具波状圆齿）。花两性；聚伞花序呈伞房状生于侧枝顶端；花萼钟状，5 裂；花冠白色，与花萼略等长；花柱 4 枚，基部合生。核果近球形，成熟时橙黄色。花期 3—4 月，果期 7—8 月。

南安市部分乡镇可见，多生于山地林中或房前屋后。破布子经腌制后当咸菜食用，味道极佳，又有祛痰利尿的功效。木材可作建筑、农具等用材。

基及树

【科属名】紫草科基及树属
【学　名】*Carmona microphylla*（Lam.）G. Don
【别　名】福建茶

　　常绿灌木。嫩枝、嫩叶被毛；多分枝。叶为单叶，在新枝上互生，在老枝上常3片簇生，厚纸质，倒卵形或匙形，边缘近顶端常有数枚波状圆齿。花两性；聚伞花序腋生，有花1～3朵；花序梗细弱，被毛；花萼5深裂；花冠白色，5深裂。花期5—8月，未见结果。

　　原产于我国台湾、广东、海南等地。南安市部分乡镇可见栽培，多见于庭院或者公园。树姿苍劲挺拔，花色冰肌玉质，宜制作盆景；耐修剪，亦常作绿篱。

马鞭草科 Verbenaceae

马缨丹

【科属名】马鞭草科马缨丹属
【学　名】*Lantana camara* L.
【别　名】五色梅、五彩花

　　常绿披散灌木。茎枝具刺和短柔毛。单叶对生，厚纸质，卵形至卵状长圆形，边缘有钝齿，两面有糙毛，揉搓时有刺鼻的气味。花两性；头状花序，腋生；花冠黄色或橙黄色，开花后不久转为深红色。核果圆球形，成熟时紫黑色。花果期几乎全年。

　　原产于美洲热带地区。南安市各乡镇常见栽培，或已逸为野生。生性强健，耐干旱贫瘠，根系发达，繁殖能力强，是良好的水土保持、固土护堤、矿山修复绿化树种。

　　因花从花蕾到凋谢期间可变换多种颜色，故又名"五色梅"。

蔓马缨丹

【科属名】马鞭草科马缨丹属

【学　名】*Lantana montevidensis* Briq.

【别　名】紫花马缨丹

本种与马缨丹（Lantana camara L.）相似，主要的区别是：本种为蔓性灌木，枝下垂；叶更小；花不变色，始终是淡紫色。

原产于南美洲。南安市部分乡镇可见栽培。花紫色淡雅，不妖不娆，花期很长，为流行的观花地被植物，可种植于公路绿化带、围墙边、水塘边、护坡等绿地，具有很强的观赏性。

假连翘

【科属名】马鞭草科假连翘属

【学　名】*Duranta erecta* L.

【别　名】篱笆树（《中国高等植物图鉴》）、
　　　　　番仔刺（闽南方言）

常绿灌木。枝有皮刺。单叶对生，纸质，卵状椭圆形或卵状披针形，边缘全缘或在中部以上有锯齿。花两性；总状花序，顶生或腋生；花冠白紫色，顶端5裂，裂片平展。核果球形，成熟时橙黄色。花果期几乎全年。

原产于美洲热带地区。南安市各乡镇常见栽培，或已逸为野生。适应性强，耐半阴，耐修剪，花果美丽，是一种很好的绿篱植物，也可作护坡地绿化植物。

金叶假连翘

【科属名】马鞭草科假连翘属

【学　名】*Duranta erecta* 'Golden Leaves'

【别　名】黄金叶

　　园艺栽培品种，与假连翘的主要区别是：叶金黄色。在光照充足的条件下，叶子更显金黄。

金边假连翘

【科属名】马鞭草科假连翘属

【学　名】*Duranta erecta* 'Marginata'

　　园艺栽培品种，与假连翘的主要区别是：叶边缘金黄色。

斑叶假连翘

【科属名】马鞭草科假连翘属

【学　名】*Duranta erecta* 'Variegata'

【别　名】花叶假连翘

园艺栽培品种，与假连翘的主要区别是：叶缘有不规则的白或淡黄色斑。

唇形科 Lamiaceae

枇杷叶紫珠

【科属名】唇形科紫珠属

【学　名】*Callicarpa kochiana* Makino

【别　名】劳来氏紫珠(《植物分类学报》)、长叶紫珠(《中国树木分类学》)

灌木。嫩枝、叶柄和花序均密生茸毛。单叶对生，厚纸质，卵状椭圆形或长椭圆状披针形，边缘有锯齿，背面密生茸毛；叶柄长1～3厘米。花两性；聚伞花序3～5次分歧，总花梗长1～3厘米（与叶柄近等长或稍短）；花萼管状，顶端4深裂达中部以下，裂齿线形或狭长三角形；花冠淡红色或紫红色；雄蕊4枚。果实圆球形，包藏于宿存的花萼内，成熟时白色。花期9—12月，果期11至翌年3月。

南安市部分乡镇可见，多生于林缘、山地路边、山坡、山谷的灌丛中。

全缘叶紫珠

【科属名】唇形科紫珠属

【学　名】*Callicarpa integerrima* Champ.

　　攀援灌木。嫩枝、芽、叶柄和花序均密生茸毛。单叶对生，纸质，卵形、宽卵形或椭圆形，边缘全缘，背面密生茸毛；叶柄长约 2 厘米。花两性；聚伞花序 6～9 次分歧，总花梗长可达 5 厘米（长是叶柄的 1 倍多）；花萼管状，顶端有不明显的齿或近截平；花冠紫色；雄蕊 4 枚。浆果近球形，成熟时紫色；初时被稀疏的毛，成熟时无毛。花期 6—7 月，果期 8—11 月。

　　南安市眉山乡等少数乡镇可见，多生于山地路边、林缘的灌丛中，攀援于其他树上。

杜虹花

【科属名】唇形科紫珠属

【学　名】*Callicarpa pedunculata* R. Br.

　　灌木。小枝、叶柄和花序均密被星状毛。单叶对生，纸质，卵状椭圆形或椭圆形，基部浑圆或阔楔形，边缘具细锯齿，背面密被星状毛和细小黄色腺点，叶柄长约 1 厘米。花两性；聚伞花序 4～5 次分歧，总花梗长 1.5～3 厘米（长于叶柄近 1 倍）；花萼钟状，顶端 4 齿裂；花冠紫色。浆果近球形，成熟时蓝紫色。花期 3—9 月，果期 7—11 月。

　　南安市部分乡镇可见，多生于山坡、林中、山地路边、旷野的灌丛中。

山牡荆

【科属名】唇形科牡荆属

【学　名】*Vitex quinata*（Lour.）Will.

【别　名】乌甜树（闽南方言）

常绿乔木。小枝四棱形。叶为掌状复叶，对生，小叶常5片；小叶厚纸质，倒卵形至倒卵状披针形，边缘常全缘，两面除中脉被微柔毛外，其余均无毛。花两性；聚伞花序排成顶生圆锥花序式；花冠淡黄色，二唇形；雄蕊4枚。核果球形，成熟时黑色，宿萼圆盘状。花期5—7月，果期10—11月。

南安市部分乡镇可见，多生于农村闲杂地、路边、林缘。木材可作家具、文具、胶合板等用材。

黄荆

【科属名】唇形科牡荆属

【学　名】*Vitex negundo* L.

【别　名】埔姜（闽南方言）

常绿灌木或小乔木。幼枝四棱形，幼枝、叶和花序被绒毛。叶为掌状复叶，对生，小叶3～7片（常5片），狭椭圆形至披针形，背面密生柔毛，边缘全缘或上部具少数锯齿；叶子揉搓后有刺鼻的味道。圆锥花序顶生；花冠淡紫色，二唇形，上唇2裂，下唇3裂；雄蕊4枚。核果。花期5—7月，果期8—10月。

南安市各乡镇常见，多生于山坡、路边、池塘边、农村杂地。全株可供药用，枝叶可提取芳香油。古早时，农村常熏蒸枝叶用来驱除蚊子。

牡荆

【科属名】唇形科牡荆属

【学　名】*Vitex negundo* var. *cannabifolia* Hand.-Mazz.

　　黄荆的变种，与黄荆的主要区别是：黄荆的叶全缘或仅上部有少数锯齿，叶背密生柔毛；本种的叶缘具粗锯齿，叶背疏生柔毛。

龙吐珠

【科属名】唇形科大青属

【学　名】*Clerodendrum thomsoniae* Balf. f.

【别　名】红花龙吐珠、九龙吐珠

　　蔓性灌木。幼枝四棱形。单叶对生，纸质，椭圆形或长圆形，边缘全缘。花两性；聚伞花序，腋生或顶生；花萼膨大，白色或紫红色；花冠红色，5裂；雄蕊伸出花冠外。花期3—5月或8—11月，未见结果。

　　南安市各乡镇可见栽培。花形奇特，红色的花冠从花萼中雄壮伸出，状如吐珠，是一种美丽的庭院观赏植物。常作盆栽放置阳台、窗台、屋顶，别有韵味。

白花灯笼

【科属名】唇形科大青属

【学　名】*Clerodendrum fortunatum* L.

　　灌木。幼枝、叶柄密被短柔毛。单叶对生，纸质，长椭圆形或倒卵状披针形，边缘全缘、波状或有不规则齿。花两性；聚伞花序，腋生，有花3～9朵；花萼红紫色，膨大似灯笼；花冠白色或粉红色，5裂。核果近球形，成熟时深蓝色。花期7—9月，果期8—11月。

　　南安市山区乡镇可见，多生于山坡、山地路边、旷野的灌丛中。根入药，有清热降火、消炎解毒、止咳镇痛的功效。

灰毛大青

【科属名】唇形科大青属

【学　名】*Clerodendrum canescens* Wall. ex Walp.

【别　名】毛赪桐

　　灌木。植株各部密被长柔毛。单叶对生，纸质，心形或宽卵形，边缘具粗齿或全缘。花两性；头状花序，顶生或腋生；苞片叶状；花萼钟状，由绿变红；花冠白色，花冠管纤细；雄蕊4枚，伸出花冠外。核果近球形，成熟时黑色，包藏于红色的宿萼内。花果期5—9月。

　　南安市部分乡镇可见，多生于林缘、山地路边或疏林地中。全株入药，有退热止痛的功效。

大青

【科属名】唇形科大青属

【学　名】*Clerodendrum cyrtophyllum* Turcz.

【别　名】山尾花、土地骨皮

　　灌木或小乔木。单叶对生，纸质，长圆形至长圆状披针形，长为宽的2倍多，边缘全缘，两面几乎无毛。花两性；聚伞花序生于枝顶或叶腋，多分枝，花有橘香味；花冠白色，花冠管细长。核果近球形，成熟时蓝紫色，被红色宿萼所托。花期6—10月，果期8—11月。

　　南安市部分乡镇可见，多生于林下、林缘、山地路边。根、叶入药，有清热、泻火、利尿、凉血、解毒的功效。

重瓣臭茉莉

【科属名】唇形科大青属

【学　名】*Clerodendrum Chinense*（Osbeck）Mabberley

【别　名】臭牡丹

　　灌木。小枝近四棱形，被柔毛。单叶对生，纸质，宽卵形或近于心形，边缘具粗齿，基出脉3条，脉腋有数个盘状腺体，两面被毛；揉之有臭味。花两性；伞房状聚伞花序，顶生；苞片披针形；花萼钟状，裂片披针形；花冠白色，花冠管短，裂片卵圆形，雄蕊常变成花瓣而使花成重瓣。花期4—7月，未见结果。

　　南安市部分乡镇可见，多生于村庄闲杂地。根入药，主治风湿。

尖齿臭茉莉

【科属名】唇形科大青属

【学　名】*Clerodendrum lindleyi* Decne. ex Planch.

【别　名】臭茉莉（《中国树木分类学》）

灌木。单叶对生，纸质，宽卵形或心形，基生脉3条，脉腋有数个盘状腺体，边缘具锯齿，两面有短柔毛。花两性；伞房状聚伞花序，顶生；苞片多，披针形；萼齿线状披针形；花冠紫红色或淡红色，花冠管细长。核果。花期4—7月，果期8—9月。

南安市部分乡镇可见，多生于山坡、林缘、路边、溪岸边或村庄闲杂地。全株入药，有祛风活血、消肿降压的功效。

茄科 Solanaceae

洋金花

【科属名】茄科曼陀罗属

【学　名】*Datura metel* L.

【别　名】白花曼陀罗

亚灌木。植株各部近无毛。单叶互生，厚纸质，卵形或宽卵形，边缘具不规则的短齿或浅裂或全缘而呈波状。花两性；花单生于枝杈间或叶腋，不下垂；花萼筒状，无棱角，果时宿存部分增大成浅盘状；花冠长漏斗状，单瓣，白色。蒴果扁球形，表面具粗短刺或乳突。花果期3—12月。

南安市诗山镇等少数乡镇可见栽培，多见于房前屋后或村庄闲杂地。花为中药名"洋金花"，作麻醉剂。全株有毒，种子的毒性最大。

木本曼陀罗

【科属名】茄科木曼陀罗属
【学　名】*Brugmansia arborea*（L.）
　　　　　Lagerh.

　　常绿灌木。单叶互生，纸质，卵状心形、卵形或椭圆形，边缘全缘、微波状或有不规则的缺齿，两面有柔毛。花两性；花单生于叶腋，下垂，微香；花冠白色或淡橘红色，脉纹绿色，长漏斗状，筒上部扩大成喇叭状。花期4—6月，未见结果。

　　原产于美洲热带地区。南安市部分乡镇可见栽培。花繁叶茂，花形独特，下垂如吊灯，是优良的观花树种。可孤植或丛植于路旁、墙角、村庄闲杂地等，极具观赏性。

鸳鸯茉莉

【科属名】茄科鸳鸯茉莉属
【学　名】*Brunfelsia brasiliensis*（Spreng.）L. B. Sm. &
　　　　　Downs
【别　名】番茉莉、双色茉莉

　　常绿灌木。全株几乎无毛。单叶互生，厚纸质，矩圆形或椭圆状矩形，边缘全缘。花单生或数朵排成聚伞花序，初开时淡紫色，后变为白色；花冠管细长。花期4—9月，未见结果。

　　原产于巴西。南安市部分乡镇可见栽培。花期很长，紫白相间，浓香扑鼻，可种植于庭院、公园、公路边、风景区、厂区等绿地，亦可作盆栽放置于阳台或窗台，供观赏。不耐寒，山区乡镇高海拔村庄不宜种植。

　　因花紫白两色且具有茉莉香味，故又名"双色茉莉"。

夜香树

【科属名】茄科夜香树属

【学　名】*Cestrum nocturnum* L.

【别　名】夜来香（闽南方言）

　　常绿灌木，直立或近攀援状。单叶互生，纸质，矩圆状披针形或长圆状卵形，边缘全缘。花两性；伞房式聚伞花序，腋生或顶生，多花，绿白色至绿黄色；花萼钟状，5浅裂；花冠狭长管状。浆果近球形或矩圆形，成熟时白色。花果期6—11月，边开花边结果。

　　原产于南美洲热带地区。南安市各乡镇常见栽培。夜间芳香，沁人心脾，是一种良好的香化树种，常种植于房前屋后、路边、水塘边或公园内。由于花香过于浓烈，长时间摆放在室内，会使人出现胸闷、头晕、失眠等不良反应，不宜摆放在室内观赏。

假烟叶树

【科属名】茄科茄属

【学　名】*Solanum erianthum* D. Don

【别　名】软毛茄（《福建植物志》）、土烟叶

　　灌木或小乔木。植株各部密被绒毛，无刺。叶为单叶，大而厚，长10～29厘米，宽4～12厘米，互生，卵状长圆形，不裂，边缘全缘。花两性；聚伞花序多花，组成顶生顶部平或圆形的圆锥花序；花冠白色，深5裂（偶有6裂）；雄蕊5枚。浆果球形，成熟时浅黄色。花果期几乎全年。

　　南安市各乡镇可见，多生于路旁、房前屋后或荒野。根皮入药，有消炎解毒、祛风散表的功效。

水茄

【科属名】茄科茄属
【学　名】*Solanum torvum* Swartz

　　常绿灌木。小枝、叶背、叶柄、总花梗等被星状毛；小枝疏具皮刺；叶柄、总花梗具皮刺或无。叶为单叶，单生或双生，卵形至椭圆形，边缘5～7半裂或呈波状。花两性；伞房花序腋外生；花白色；花萼杯状，顶端5裂；花冠辐形，冠檐5裂。浆果圆球形，成熟时黄色，光滑无毛。花果期几乎全年。

　　南安市各乡镇极常见，多生于路旁、房前屋后、荒野、沟谷的灌木丛中。果实有明目的功效，叶可治疮毒。嫩果煮熟后可食用。

刺天茄

【科属名】茄科茄属
【学　名】*Solanum violaceum* Ortega
【别　名】紫花茄

　　灌木，多分枝。植株密被星状绒毛，具皮刺。叶为单叶，卵形，边缘5～7深裂或呈波状浅圆裂，裂片边缘有时又作波状浅裂。花两性；蝎尾状花序腋外生；花白色或紫色；花萼杯状，先端5裂，外被星状毛和细直刺；花冠辐状，先端深5裂。浆果球形，光亮，成熟时橙红色。花果期几乎全年。

　　南安市各乡镇较常见，多生于林下、山地路边、村庄闲杂地、旷野的灌丛中。果实可治咳嗽及伤风，叶汁和新鲜姜汁可以止吐。

黄果茄

【科属名】茄科茄属

【学　名】*Solanum virginianum* Linnaeus

　　亚灌木。植株密被星状绒毛，具土黄色皮刺。叶为单叶，卵状长圆形，边缘常 5～9 裂或羽状深裂，裂片边缘波状，两面的中脉和侧脉具针状皮刺。花两性；聚伞花序腋外生，常 3～5 花，花白色或紫堇色；花萼钟形，先端 5 裂；花冠辐状，冠檐 5 深裂。浆果球形，光亮，成熟时黄色。花果期 5—10 月。

　　南安市部分乡镇可见，多生于路旁、村庄闲杂地、荒地的灌木丛中。

泡桐科 Paulowniaceae

白花泡桐

【科属名】泡桐科泡桐属

【学　名】*Paulownia fortunei*（Seem.）Hemsl.

【别　名】泡桐（《本草纲目》）

　　落叶乔木，高可达 30 米。嫩枝、嫩叶被星状绒毛。单叶对生，厚纸质，卵状心形至长卵状心形，边缘全缘；叶柄长可达 12 厘米。花两性；聚伞圆锥花序顶生；花萼倒圆锥形；花冠管状漏斗形，白色，冠檐二唇形，上唇 2 裂，下唇 3 裂；雄蕊 4 枚。蒴果长圆状椭圆形，顶端具长喙。花果期 3—8 月。

　　南安市部分乡镇可见，多生于低海拔的林中、林缘、荒野或村庄闲置地。树干通直，适应性强，为优质的速生用材树种，可用于混交林、防护林或"四旁"树。材质优良，不翘不裂，可作家具、乐器、纸、人造板等用材。

南方泡桐

【科属名】泡桐科泡桐属

【学　名】*Paulownia taiwaniana* T. W. Hu & H. J. Chang

【别　名】台湾泡桐

　　落叶乔木。单叶对生，厚纸质，阔卵形至卵状心形，边缘全缘或浅波状而有角，嫩叶两面被绒毛，成长叶背面被腺毛或星状绒毛。花两性；聚伞花序，顶生，有花3～5朵，具花序梗；花萼钟形，裂片5片，分裂至1/3处；花冠漏斗状钟形，淡紫色，内有深紫色斑点，冠檐二唇形，上唇2裂，下唇3裂；雄蕊4枚。蒴果长圆状卵形或椭圆形。花期3—4月。

　　原产于我国台湾、广东、浙江、福建等地。南安市仅向阳乡（海山林场）有栽培，见于山地林中。

　　本种与华东泡桐（*Paulownia kawakamii* Ito）很相似，本种的小聚伞花序具较长的总花梗，花萼浅裂（裂片深未达花萼长的一半），花冠较长（5～7厘米），华东泡桐的小聚伞花序无总花梗或下部具短的总花梗，花萼深裂（裂片深超过花萼长的一半），花冠较短（2.5～5厘米）。

玄参科 Scrophulariaceae

驳骨丹（bó gǔ dān）

【科属名】玄参科醉鱼草属

【学　名】*Buddleja asiatica* Lour.

【别　名】白背枫（《全国中草药汇编》）

　　常绿灌木。幼枝、叶背、叶柄和花序均密被短绒毛。单叶对生，纸质，披针形，边缘全缘或有小锯齿。花两性；总状花序顶生或生于上部叶腋内，花小；花冠白色，筒状，顶端4裂；雄蕊4枚，着生于花冠管中部。蒴果椭圆状。花期5—10月，果期10月至翌年3月。

　　南安市部分乡镇常见，多生于农村"四旁"、旷野或山坡地。根、叶、果供药用，有驱风化湿、行气活络的功效。

红花玉芙蓉

【科属名】玄参科玉芙蓉属

【学　名】*Leucophyllum frutescens*（Berland.）I. M. Johnst.

　　常绿小灌木，高可达 2 米。全株密生白色绒毛及星状毛。单叶互生，厚纸质，倒卵形或椭圆形，边缘全缘（微卷曲），犹如银白色芙蓉。花两性；花单生叶腋；花萼裂片长椭圆状披针形；花冠钟形，紫红色，内部被毛，五裂；雄蕊 4 枚，内藏。花期夏、秋两季；未见结果。

　　原产于中美洲至北美洲。南安市部分乡镇可见栽培。叶色独特，花色美艳，可作公园、道旁、庭院、学校、水岸边等绿化树种，也适合盆栽观赏。

紫葳科 Bignoniaceae

硬骨凌霄

【科属名】紫葳科黄钟花属

【学　名】*Tecoma capensis* Lindl.

【别　名】洋凌霄

　　常绿直立灌木。叶为奇数羽状复叶，对生，有小叶 2~4 对；小叶对生，纸质，卵形至椭圆状卵形，边缘有不规则的锯齿，上面可见细疣突；几乎无叶柄。花两性；总状花序，顶生；花萼钟状，具 5 棱；花冠长漏斗形，弯曲、橙红色，顶端 5 裂，二唇形，有深红色纵纹；雄蕊 4 枚伸出。花期 5—11 月，未见结果。

　　原产于南非好望角。南安市部分乡镇可见栽培。红花满树，绚丽多姿，为优良的夏秋季观花植物，可种植于庭园、住房小区、学校等绿地，别具特色。

非洲凌霄

【科属名】紫葳科非洲凌霄属

【学　名】*Podranea ricasoliana*（Tanfani） Sprague

【别　名】紫云藤

　　常绿半蔓性灌木。叶为奇数羽状复叶，对生，小叶常11片；小叶对生，纸质，长卵形，边缘全缘或具疏浅锯齿；叶柄基部紫色。花两性；聚伞花序，顶生，有花6~8朵；花萼肿胀膨大；花冠漏斗状钟形，先端5裂，粉红色至紫红色，具多条紫红色脉纹，喉部具白色长毛。花期秋季至翌年春季，未见结果。

　　原产于非洲南部地区。南安市部分乡镇可见栽培。花姿优美，具淡雅香味，喜光，耐半阴，可用于篱笆、花架、阳台、庭园种植，供观赏。

炮仗花

【科属名】紫葳科炮仗藤属

【学　名】*Pyrostegia venusta*（Ker-Gawl.） Miers

【别　名】鞭炮花

　　常绿木质藤本。茎粗壮，有棱，具卷须。叶为指状复叶，对生，有小叶2~3片；小叶纸质，卵形至卵状长圆形，边缘全缘，两面无毛。花两性；聚伞圆锥花序，着生于侧枝的顶端；花萼钟状；花冠橙红色，筒状，裂片5片，向外反折，边缘被白色短柔毛；能育雄蕊4枚，不育雄蕊1枚。花期1—6月，未见结果。

　　原产于巴西和巴拉圭。南安市各乡镇常见栽培。花色艳丽，累累成串，常作为藤架、花门、栅栏、花墙的绿化植物，极具观赏性。不耐寒，山区乡镇高海拔村庄不宜种植。

火焰树

【科属名】紫葳科火焰树属

【学　名】*Spathodea campanulata* Beauv.

【别　名】火焰木、
　　　　　火烧花(《中国种子植物科属辞典》)

　　常绿乔木，高可达15米。叶为奇数羽状复叶，对生，有小叶6~8对；小叶对生，薄革质，椭圆形至倒卵形，边缘全缘；叶柄极短。花两性；伞房状总状花序，顶生；花萼佛焰苞状；花冠红色，一侧膨大，基部紧缩成细筒状，檐部近钟状。蒴果，近木质，成熟时灰褐色。花期3—7月，果期6—10月。

　　原产于非洲。南安市部分乡镇可见栽培。树形优美，羽叶茂盛，花大红艳，开花于树冠之上，像一团团燃烧的火焰，光芒四射，具有极高的观赏性，可作行道树、庭院树和园景树。不耐寒，山区乡镇高海拔村庄不宜种植。

吊瓜树

【科属名】紫葳科吊灯树属

【学　名】*Kigelia africana*（Lam.）Benth.

【别　名】吊灯树(《中国植物志》)

　　常绿乔木，高可达20米。叶为一回奇数羽状复叶，小叶常9片或11片；小叶对生，薄革质，长圆形或倒卵形，顶端急尖，叶背被微柔毛，边缘全缘。花两性；圆锥花序顶生，花序轴下垂，长可达1.5米，花血红色；花萼钟状；花冠裂片5片，花冠筒外面具凸起纵肋；雄蕊4枚。果圆柱形，坚硬，肥硕。花期4—5月，果期10—11月。

　　原产于非洲。南安市武荣公园内可见栽培。四季常绿，树干通直，花果奇特，为优美的园林观赏树种，可作行道树和园景树。果肉可食。树皮入药，可治皮肤病。

黄花风铃木

【科属名】紫葳科风铃木属
【学　名】*Handroanthus chrysanthus*（jacq.）
　　　　　S.O.Grose
【别　名】黄钟木

　　落叶乔木，高可达8米。嫩枝密被绒毛。叶为掌状复叶，对生，小叶常5片；小叶厚纸质，倒卵形或卵状椭圆形，边缘全缘或具疏锯齿，两面密被绒毛。花两性；聚伞花序，顶生，有花多朵；花冠金黄色，漏斗状，花缘皱曲；雄蕊4枚。蓇葖果条形，密被绒毛。花期3—4月，果期5—7月。

　　原产于墨西哥、中美洲和南美洲。南安市部分乡镇可见栽培。春季开叶开花，夏季长叶结果，秋季枝繁叶茂，冬季叶落凋零，为季相变化明显的植物。"一树黄花春已到，满城尽带黄金甲。"繁花似锦，绮丽多姿，适应性强，可作行道树、庭园树和观赏树。

　　黄花风铃木为巴西的国花。

紫花风铃木

【科属名】紫葳科风铃木属
【学　名】*Handroanthus impetiginosus*

　　落叶乔木。叶为掌状复叶，小叶3片或5片；小叶厚纸质，卵状椭圆形，边缘具细小锯齿，两面无毛；叶柄具浅沟。伞房花序，顶生，有花多朵；花冠紫红色，中心黄色，皱曲。花期3—5月。

　　原产于巴西、巴拉圭、阿根廷等国家。南安市部分乡镇可见栽培，多见于庭院、公园、公路两侧或寺庙。满树铃铛，姹紫嫣红，一团团一簇簇随风摇曳，美不胜收。园林用途同黄花风铃木。

蓝花楹

【科属名】紫葳科蓝花楹属

【学　名】*Jacaranda mimosifolia* D. Don

　　落叶乔木，高可达 15 米。叶为二回羽状复叶，对生，羽片通常在 16 对以上，每羽片有小叶 16～24 对；小叶纸质，椭圆状披针形至椭圆状菱形，顶端急尖，边缘全缘。花两性；圆锥花序，顶生；花萼杯状，萼齿 5；花冠蓝色，下部微弯，上部膨大。蒴果扁圆形，木质，成熟时黑褐色。花期 4—6 月，果期冬季。

　　原产于巴西、阿根廷。南安市部分乡镇可见栽培。细叶似羽，满树蓝花，美丽清雅，是很好的园林绿化树种，可作为行道树、庭园树和观赏树。不耐寒，山区乡镇高海拔村庄不宜种植。

木蝴蝶

【科属名】紫葳科木蝴蝶属

【学　名】*Oroxylum indicum*（L.）Kurz

【别　名】千张纸（《植物名实图考》）

　　落叶小乔木。树皮灰褐色。叶为奇数 2～3（～4）回羽状复叶，对生，小叶多数；小叶对生，纸质，卵形至椭圆形，边缘全缘，两面无毛。花两性；总状花序，顶生；花萼钟状，紫色；花冠肉质，外面紫红色，里面黄色，檐部下唇 3 裂，上唇 2 裂，傍晚开放，散发恶臭气味；雄蕊 5 枚；花柱细长，柱头 2 片开裂。蒴果木质，带状，扁平。花期 7—9 月，果期 11 月至翌年 2 月。

　　南安市仅康美镇雪峰寺可见栽培。种子、树皮入药，有清肺利咽、疏肝和胃、敛疮生肌的功效。

　　种子周翅薄如纸，故又名"千张纸"。

海南菜豆树

【科属名】紫葳科菜豆树属
【学　名】*Radermachera hainanensis* Merr.
【别　名】绿宝、幸福树

　　常绿乔木。全株无毛。叶为一至二回羽状复叶，对生，小叶多数（有时仅有小叶5片）；小叶对生，纸质，长圆状卵形或卵形，边缘常有稀疏锯齿。花两性；总状花序或圆锥花序，腋生或侧生；花萼淡绿色，筒状，3～5浅裂；花冠淡黄色，钟状。蒴果长条形。花期4月，果期5—8月。

　　原产于广东、海南、云南等地。南安市各乡镇常见栽培。树干通直，叶色翠绿，常作盆景放置于室内或阳台，亦可作庭园树，具有很高的观赏价值。木材纹理通直，结构细密，可作农具、家具、建筑等用材。

爵床科 Acanthaceae

虾衣花

【科属名】爵床科爵床属
【学　名】*Justicia brandegeeana* Wassh. & L. B. Smith
【别　名】虾夷花、麒麟吐珠

　　常绿亚灌木。全株被毛。叶对生，纸质，卵形或卵状椭圆形，边缘全缘。花两性；穗状花序，顶生；叶状苞片淡红色或黄红色，宿存；花冠白色，2唇形，上唇全缘或稍2裂，下唇3浅裂，伸出苞片外。蒴果。花期几乎全年。

　　原产于墨西哥。南安市蓝溪湿地公园可见栽培。喜光也耐半阴，耐水湿也耐干旱，常种植于庭院、公园或住房小区等绿地，也作盆栽放置室内、阳台供观赏。

黄脉爵床

【科属名】爵床科黄脉爵床属
【学　名】*Sanchezia nobilis* Hook. f.
【别　名】金脉爵床

　　常绿灌木。叶对生，革质，长椭圆形或倒卵形，边缘具浅波状圆齿，主侧脉分明、粗壮呈金黄色。花两性；穗状花序顶生；苞片大，红色；花冠管状，黄色；雄蕊4枚（发育雄蕊和不育雄蕊各2枚）。花期5—6月，未见结果。

　　原产于厄瓜多尔。南安市部分乡镇可见栽培，多见于住房小区或者公园。

茜草科 Rubiaceae

水团花

【科属名】茜草科（qiàn cǎo kē）水团花属
【学　名】*Adina pilulifera*（Lam.）Franch. ex Drake
【别　名】水杨梅

　　常绿灌木或小乔木。小枝近无毛。单叶对生，厚纸质，椭圆形至长圆状倒披针形；托叶2裂至近基部，披针形。花两性；头状花序常腋生，稀顶生；总花梗长可达5厘米；花冠白色，5裂；花柱伸出，柱头小，球形。果序近球形。花期6—7月，果期9—10月。

　　南安市大部分乡镇常见，多生于溪边水畔、林缘、旷野、山地路旁。四季常绿，根系发达，是优良的固堤和水土保持造林树种。木材纹理致密，可作雕刻、细工、农具等用材。

钩藤

【科属名】茜草科钩藤属
【学　名】*Uncaria rhynchophylla* (Miq.) Miq. ex Havil.
【别　名】双钩藤

　　木质藤本，以变态为钩状（单、双钩依次排列）腋生枝攀援于其他植物上。嫩枝方柱形，无毛。单叶对生，纸质，椭圆形或卵形，背面脉腋或有束毛；托叶2深裂，线状披针形。花两性；头状花序单个腋生或排成顶生总状式的复花序，花黄色；花冠漏斗状，5裂；雄蕊5枚。蒴果倒锥状纺锤形。花期6—8月，果期9—10月。

　　南安市部分乡镇可见，多生于林缘、疏林地的灌丛中。带钩的茎入药，中药名为"钩藤"，有清热平肝、息风定惊的功效。

玉叶金花

【科属名】茜草科玉叶金花属
【学　名】*Mussaenda pubescens* W. T. Aiton

　　攀援灌木。小枝、叶柄、叶背面、花梗及花萼外面均被平伏粗柔毛。单叶对生，有时近轮生，薄纸质，长圆形或卵状长圆形。花两性；聚伞花序顶生；花梗极短或无梗；花萼裂片线形，其中常有1个裂片呈花瓣状，白色；花冠5裂，黄色。浆果近球形，成熟时紫黑色。花期5—7月，果期8—11月。

　　南安市各乡镇常见，多生于疏林地、山地路边、林缘的灌丛中。茎、叶入药，有清热除湿、消食的功效，可晒干代茶饮。

长隔木

【科属名】茜草科长隔木属

【学　名】*Hamelia patens* Jacq.

【别　名】醉娇花、希茉莉

常绿灌木。小枝淡红色；幼枝、叶背、叶柄及花梗被短柔毛。叶为单叶，常 3 枚轮生，纸质，椭圆状卵形至长圆形，边缘全缘。花两性；聚伞花序顶生；花冠管状，橙红色；雄蕊 5 枚。浆果卵圆形，红色。花果期 7—10 月。

原产于美洲热带地区。南安市部分乡镇可见栽培，多见于公园或住房小区。植株红色，花艳丽如霞，是优良的观叶观花植物。适应性强，耐干旱、耐贫瘠，可用于路边、围墙边、边坡地、矿区修复地等绿化。不耐寒，山区乡镇高海拔村庄不宜种植。

黄栀子（huáng zhī zǐ）

【科属名】茜草科栀子属

【学　名】*Gardenia jasminoides* Ellis

【别　名】栀子、栀子花

常绿灌木。叶为单叶，常对生，稀 3 枚轮生，革质，倒卵状长圆形或长椭圆形，边缘全缘，两面无毛；托叶鞘状。花通常单朵生于枝顶，具芳香味；花萼裂片线状披针形；花冠高脚碟状，白色。浆果卵形，具 6～9 条纵棱，成熟时橙红色，萼片宿存。花期 5—7 月，果期 9—11 月。

南安市各乡镇极常见，多生于海拔 1000 米以下的山坡、疏林地、林缘的灌丛中。叶色亮绿，花大洁白，芳香馥郁，是良好的绿化、美化、香化植物。喜光，耐半阴，耐干旱，耐修剪，萌芽力强，园林用途极为广泛，可作公园、道路、矿区的绿化树种等。果实可提取黄色素，在民间作染料；干燥后是常用中药，中药名为"栀子"，有清热利湿、解毒凉血的功效。

白蟾

【科属名】茜草科栀子属
【学　名】*Gardenia jasminoides* var. *fortuneana*（Lindley）H. Hara
【别　名】玉荷花

　　常见的园艺栽培品种，与黄栀子的主要区别是：叶较大；花大且重瓣。南安市部分乡镇可见，见于庭院、公园或寺庙。

狗骨柴

【科属名】茜草科狗骨柴属
【学　名】*Diplospora dubia*（Lindl.）Masam.

　　常绿灌木或小乔木。单叶对生，革质，卵状长圆形至披针形，边缘全缘，两面无毛；托叶下部合生，顶端钻形。花杂性；聚伞花序腋生；萼管陀螺状，顶部4裂；花冠高脚碟状，白色或黄绿色，裂片长圆形，向外反卷；雄蕊4枚。浆果近球形，成熟时红色。花期4—6月，果期9—12月。

　　南安市部分乡镇可见，多生于山坡、山沟边、常绿阔叶林下。木材致密坚韧，可作器具、雕刻等用材。

茜树

【科属名】茜草科茜树属
【学　名】*Aidia cochinchinensis* Lour.
【别　名】山黄皮(《福建植物志》)

　　常绿小乔木。小枝、叶柄、托叶均无毛；刚长出的新叶红色。叶对生，薄革质，椭圆状长圆形或长圆状披针形，背面脉腋小窝孔有簇毛；托叶披针形。花两性；聚伞花序与叶对生，多花，花黄白色；花冠钟状，裂片4片（偶有5片），开放时反折；雄蕊4枚；花柱细长，纺锤形，伸出。浆果球形，成熟时紫黑色，顶部有环状的萼檐残迹。花期3—6月，果期5月至翌年2月。

　　南安市各乡镇可见，多生于丘陵、山坡、山谷或林下。春季嫩叶红色，满树火红，观赏性强，在园林应用上有一定的发展潜力。木材坚重，纹理致密，可作家具、建筑等用材。

白香楠

【科属名】茜草科白香楠属
【学　名】*Alleizettella leucocarpa*（Champ. ex Benth.）Tirveng.
【别　名】白果山黄皮(《福建植物志》)

　　灌木。幼枝、叶柄被糙伏毛。叶对生，纸质，倒卵形或狭椭圆形，下面中脉和侧脉有糙伏毛；托叶阔三角形，基部合生。聚伞花序，生于侧生短枝的顶端或老枝的节上，几乎无总花梗；萼管钟形，顶端5裂；花冠白色，高脚碟状，裂片5片，喉部有长柔毛。浆果球形，成熟时淡黄白色。花期4-6月，果期6月至翌年2月。

　　南安市翔云镇、东田镇等少数乡镇可见，多生于海拔500～1000米的山坡灌丛中。

龙船花

【科属名】茜草科龙船花属

【学　名】*Ixora chinensis* Lam.

【别　名】山丹花

常绿灌木。单叶对生，革质，长圆状披针形或倒卵状长椭圆形，边缘全缘，两面无毛；叶柄极短或无。花两性；伞房状聚伞花序顶生，多花，红色或橙红色；花冠高脚碟状，裂片4片。果近球形。花期几乎全年，结果很少。

原产于福建、广东等地。南安市各乡镇常见栽培。花红艳丽，花期很长，耐半阴、耐修剪，在园林应用上十分广泛，可作盆栽，摆放于庭院、阳台、窗台等，很有喜庆气氛；亦可丛植、片植、列植在公园、公路两旁、住房小区、办公场所、村庄等绿地，观赏效果极佳。

市场上栽培品种很多，花色丰富，有红色、橙色、白色、黄色、双色等可供选择。

九节

【科属名】茜草科九节属

【学　名】*Psychotria asiatica* Wall.

【别　名】刀伤木（《常用中草药手册》）、
　　　　　暗山香（《岭南采药录》）

常绿灌木。单叶对生，革质，长圆形或倒披针状长圆形，边缘全缘，背面脉腋窝孔被束毛；托叶膜质，顶端圆形或具小突尖。花两性；聚伞花序顶生，总花梗极短；花冠钟状，淡绿色或白色，裂片三角形。浆果状核果近球形，成熟时红色。花期5—7月，果期7—11月。

南安市各乡镇常见，多生于林下、疏林地、山地路边、旷野的灌丛中。根、叶入药，有清热解毒、消肿拔毒、祛风除湿的功效。

粗叶木

【科属名】茜草科粗叶木属
【学　名】*Lasianthus chinensis*（Champ.）Benth.

　　常绿灌木。小枝密被短绒毛。单叶对生，二列状，薄革质，长圆形或长圆状披针形，表面无毛，背面密被短绒毛。花两性；花数朵簇生于叶腋，无总花梗；萼管钟形，连同裂片外密被短绒毛；花冠高脚碟状，通常白色，有时略带淡紫色，常5裂。核果近球形，成熟时蓝色。花期5—8月，果期7—10月。

　　南安市向阳乡、眉山乡等少数乡镇可见，多生于林缘、溪谷或林下湿润地。

罗浮粗叶木

【科属名】茜草科粗叶木属
【学　名】*Lasianthus fordii* Hance
【别　名】疏毛粗叶木（《福建植物志》）

　　常绿灌木。小枝无毛或疏被毛。单叶对生，二列状，薄革质，椭圆状披针形或椭圆形，顶端尾状渐尖或渐尖，表面无毛，背面中脉和侧脉被疏伏毛。花两性；花数朵簇生于叶腋，无总花梗；萼管钟形，连同裂片外无毛或疏被短绒毛；花冠高脚碟状，白色，常5裂；雄蕊与花冠裂片同数。核果近球形，成熟时蓝黑色。花期5—7月，果期7—10月。

　　南安市眉山乡等少数乡镇可见，多生于林缘或疏林地。

羊角藤

【科属名】茜草科巴戟天属
【学　名】*Morinda umbellata* subsp. *obovata* Y. Z. Ruan

常绿攀援灌木，或呈披散状。叶对生，厚纸质，倒卵状披针形或倒卵状长圆形，长5~11厘米（常超过6厘米），边缘全缘；托叶筒状，顶截平。花两性；头状花序，再排成伞状复花序，顶生；花冠淡绿色，裂片4片（深裂），喉部具髯毛。聚合果近球形或近肾形，成熟时红色，具槽纹。花期6—7月，果熟期10—11月。

南安市各乡镇可见，多生于林缘、山地路边或疏林地的灌丛中。根可治风湿关节痛、腰痛、肝炎等症，叶可治毒蛇咬伤。

鸡屎藤

【科属名】茜草科鸡屎藤属
【学　名】*Paederia foetida* L.
【别　名】天仙藤（闽南方言）

木质藤本。单叶对生，纸质，卵形或卵状长圆形或披针形，表面无毛，背面脉腋具束毛，边缘全缘；叶柄长可达4厘米；托叶三角形，顶部2裂。花两性；聚伞状圆锥花序，腋生；花冠紫白色，冠管内外被毛；雄蕊与花冠裂片同数，内藏。核果球形，成熟时杆黄色。花期6—7月，果期9—11月。

南安市各乡镇常见，多生于林缘、路边、村庄闲置地或旷野。全株入药，有消食和胃、理气破瘀、解毒止痛的功效。

荚蒾科 Viburnaceae

南方荚蒾

【科属名】荚蒾科荚蒾属

【学　名】Viburnum fordiae Hance

【别　名】东南荚蒾（《拉汉种子植物名称》）

灌木或小乔木。嫩枝、芽、叶柄、花序均被黄褐色绒毛。单叶对生，纸质至厚纸质，宽卵形或菱状卵形，边缘除基部外常有小尖齿，两面被毛，背面无腺点及脉腋无簇状毛。花两性；复伞形式聚伞花序顶生或生于具1对叶的侧生小枝顶端，三至四级辐射枝（第一级辐射枝常5条，花生在第三级或第四级辐射枝上），总花梗长1～3.5厘米；花冠白色，裂片卵形；雄蕊5枚。核果卵圆形，成熟时红色。花期4—8月，果期10—12月。

南安市向阳乡等少数乡镇可见，多生于林缘、疏林地的灌丛中。

吕宋荚蒾

【科属名】荚蒾科荚蒾属

【学　名】*Viburnum luzonicum* Rolfe

灌木。当年生小枝连同芽、叶柄、花序均被黄褐色星状毛。单叶对生，厚纸质，卵形、椭圆状卵形、卵状披针形，边缘近中部以上有深波状锯齿，具缘毛，表面具微小腺点，背面疏被毛。花两性；复伞形状聚伞花序顶生，总花梗通常极短或几乎无，花白色，密集；雄蕊5枚。核果卵圆形，成熟时红色。花期4—5月，果期10—12月。

南安市部分乡镇可见，多生于山谷、山地路边、林缘、荒野的灌丛中。

具毛常绿荚蒾

【科属名】荚蒾科荚蒾属
【学　名】*Viburnum sempervirens* var. *trichophorum* Hand.-Mazz.

常绿灌木。幼枝、叶柄和花序均密被簇状短毛。单叶对生，革质，椭圆形至椭圆状卵形，边缘在顶部具细锯齿，背面有微细褐色腺点，中脉和侧脉有时被疏伏毛，侧脉最下 1 对呈离基三出脉状，叶干后表面变黑色至黑褐色。花两性；复伞形状聚伞花序顶生，花白色；花冠裂片 5 片；雄蕊 5 枚。核果卵圆形，成熟时红色。花期 5—6 月，果期 10—11 月。

南安市翔云镇等少数乡镇可见，生于林缘、疏林地的灌丛中。

忍冬科 Caprifoliaceae

忍冬

【科属名】忍冬科忍冬属
【学　名】*Lonicera japonica* Thunb.
【别　名】金银花（《本草纲目》）、老翁须（《常用中草药图谱》）、鸳鸯藤

半常绿木质藤本。嫩枝密被柔毛。单叶对生，纸质，卵形至长圆状卵形，边缘全缘（具缘毛），小枝上部的叶常密被短糙毛，下部的叶常无毛。花两性；总花梗通常单生于小枝上部叶腋；叶状苞片大，长 2～3 厘米；花冠初开时白色，后变黄色，唇形，外面疏被毛；雄蕊和花柱均伸出花冠外。浆果。花期 5—6 月，果期 10—11月。

南安市部分乡镇可见野生或栽培，多生于村庄闲杂地、山坡灌丛中。摘取花蕾，晒干后成为一种常用中药"金银花"，有清热解毒、消炎退肿的功效。

菊科 Asteraceae

扁桃斑鸠菊（biǎn táo bān jiū jú）

【科属名】菊科苦鸠菊属

【学　名】*Gymnanthemum amygdalinum*（Delile）Sch.Bip.

【别　名】南非叶

　　常绿灌木或小乔木，高可达5米。嫩枝具短柔毛。单叶互生，纸质，卵形至长卵形，背面灰白色，边缘常全缘。花两性；头状花序，顶生或腋生；花冠管状，乳白色，裂片5片。花期2—3月。

　　原产于非洲。南安市部分乡镇可见栽培，多见于房前屋后、农村闲杂地、路边，有的作为盆栽放置露台。根、叶入药，有祛风解毒、温经活络的功效。

芙蓉菊

【科属名】菊科芙蓉菊属

【学　名】*Crossostephium chinense*（L.）Makino

【别　名】千年艾、蕲艾（qí ài）

　　常绿亚灌木。上部多分枝，密被柔毛。叶为单叶，聚生枝顶，互生，矩勺形或狭倒披针形，边缘全缘或有时3～5裂，顶端圆，两面被柔毛。头状花序生于枝端叶腋，再排成有叶的总状花序；花冠管状，淡黄色。瘦果矩圆形。花果期几乎全年。

　　原产于我国台湾、福建等地。南安市部分乡镇可见栽培，多种植于公园。根部苍劲古朴，常制作盆景造型供观赏。

南安树木图鉴

被子植物门
Angiospermae

▶ （二）单子叶植物纲
Monocotyledoneae

露兜树科 Pandanaceae

露兜树

【科属名】露兜树科露兜树属

【学　名】*Pandanus tectorius* Sol.

　　常绿灌木或小乔木。茎多分枝，具气生根。叶聚生于枝顶，革质，带状，顶端渐狭成一长尾尖，叶缘和叶背中脉具粗壮的锐刺。花单性，雌雄异株；雄花序由多个穗状花序组成；雌花序头状，单生于枝顶，圆球形。聚花果球形。花期1—5月。

　　原产于广东、广西等地。南安市部分乡镇可见栽培，多见于公园、公路绿化带。叶纤维可编制席、帽等工艺品。

扇叶露兜树

【科属名】露兜树科露兜树属

【学　名】*Pandanus utilis* Borg.

【别　名】红刺林投

　　常绿灌木或小乔木。茎多分枝，具粗状气生根，入土则成为支柱根。叶螺旋生长，直立，硬革质，长披针形，无叶柄，叶缘及叶背中脉具红色锐钩刺。花单性，雌雄异株，无花被，芳香。聚花果菠萝形。

　　原产于马达加斯加。南安市武荣公园可见栽培。

禾本科 Poaceae

刚竹

【科属名】禾本科刚竹属

【学 名】*Phyllostachys sulphurea* var. *viridis* R. A. Young

　　乔木状竹类，地下茎单轴型。竿高可达 15 米，节间幼时无毛，微被白粉，生芽一侧有深沟，竿表面有猪皮状小穴。箨鞘背面无毛；箨耳无，不具鞘口繸毛；箨舌拱形或截形，边缘具纤毛；箨片披针形。竿每节 2 分枝，每小枝有叶 3～6 片；叶鞘无毛；叶耳不甚发达，每边有放射性繸毛 4～8 条；叶片长圆状披针形或披针形。假花序繸状。笋期 4—5 月。

　　南安市部分乡镇可见，多生于林地、路边或农村闲杂地。竿可作小型建筑用材和各种农具柄。笋味微苦，可食用。

毛竹

【科属名】禾本科刚竹属

【学 名】*Phyllostachys edulis*（Carriere）J. Houzeau

【别 名】楠竹

　　乔木状竹类，地下茎单轴型。竿高可达 20 米，幼竿密被细柔毛及厚白粉。箨鞘具棕色刺毛；箨耳微小，繸毛发达；箨舌中间凸起，边缘具长纤毛；箨片长三角形至披针形。竿每节 2 分枝，每小枝有叶 2～4 片；无叶耳；叶舌隆起；叶片披针形。假花序繸状。笋期 4 月。

　　南安市部分乡镇可见栽培，多见于林地或农村闲杂地。四季常绿，秀丽挺拔，可种植于庭园曲径、池畔、山坡等绿地供观赏。与"松、梅"共植，誉为"岁寒三友"。竿型粗大，可作梁柱、棚架或脚手架；篾性优良，亦可编织各种用具或工艺品。竹笋味道鲜美，可鲜食或加工制成笋干。

紫竹

【科属名】禾本科刚竹属

【学　名】*Phyllostachys nigra*（Lodd.）Munro

　　小乔木状竹类，地下茎单轴型。竿高可达8米，幼竿绿色，逐渐变为紫黑色，新竿箨环有毛。箨鞘背面被毛，上部具密集成片的斑点；箨耳镰形，紫黑色，边缘具繸毛；箨舌强隆起；箨片绿色。每节2分枝，老枝也为紫黑色，每小枝有叶2～4片；叶鞘无毛，鞘口具脱落性繸毛；叶舌圆形；叶片披针形。笋期4—5月。

　　原产于我国。南安市部分乡镇可见栽培，多见于公园或庭院。竿色紫黑，颇具特色，常种植于山石之间、溪畔池畔、小径深处，极具观赏性。耐严寒，山区乡镇高海拔村庄可种植。竹竿坚韧，可制作小型家具、手杖、伞柄、乐器及工艺品。

簕竹

【科属名】禾本科簕竹属

【学　名】*Bambusa blumeana* J. A. et J. H. Schult. f.

　　乔木状竹类，地下茎合轴型。竿高可达20米，尾梢下弯，竿每节仅具单枝，且其上的小枝常短缩为弯曲的锐利硬刺，并相互交织成刺丛。箨鞘背面密被刺毛；箨耳常外翻而呈新月形，边缘密生繸毛；箨舌边缘具流苏状毛；箨片卵形至狭卵形。末级小枝有叶5～9片；叶鞘无毛；叶耳微小，耳缘具繸毛；叶舌截平形；叶片背面的基部常被长柔毛。笋期6—9月。

　　原产于印度尼西亚和马来西亚东部。南安市部分乡镇可见栽培，多生于村庄闲杂地或溪流两侧。竹林密集，地下盘根错节，是优良的防风固堤竹种，可栽植作为防护林。竿壁厚坚韧，可作扁担、家具、棚架等用材。笋味苦，不宜食用。

青皮竹

【科属名】禾本科簕竹（lè zhú）属

【学　名】*Bambusa textilis* McClure

　　乔木状竹类，地下茎合轴型。竿高可达 10 米，尾梢弯垂，节间幼时被白蜡粉及密生小刺毛。箨鞘具刺毛；箨耳小且两耳不等大；箨舌边缘具细齿及小纤毛；箨片卵状三角形。竿每节分枝多数（粗度几乎相等）。叶鞘无毛；鞘口具叶耳（呈镰刀形），边缘具繸毛；叶舌边缘啮蚀状，无毛；叶片线状披针形至狭披针形，表面无毛，背面密生短柔毛。

　　原产于广东和广西。南安市部分乡镇可见栽培，多生于林缘、路边或村庄闲杂地。竿柔韧，是优良的篾用竹种，常用来编织各种竹器及工艺品。竿节间常因竹蜂咬伤而分泌出流液，经干涸后凝结成固体，为中药名"竹黄"，治小儿惊风等症，有清热的功效。

黄金间碧竹

【科属名】禾本科簕竹（lè zhú）属

【学　名】*Bambusa vulgaris* f. *vittata*（Riviere & C. Riviere）T. P. Yi

　　乔木状竹类，地下茎合轴型。竿高可达 15 米，节间具黄色间以绿色的纵条纹。竿箨早落；箨鞘背面被刺毛；箨耳边缘具长繸毛；箨舌边缘具细齿或条裂；箨片腹面密被刺毛。竿每节分枝多数，主枝较粗长，每小枝具叶 6~7 片。叶鞘初时具粗毛，后脱落；叶耳明显；叶舌截形，全缘；叶片狭披针形，两面无毛。

　　原产于印度。南安市部分乡镇可见栽培，多见于公园、农家山庄、村庄闲杂地。竹竿色彩鲜艳夺目，表面光洁清秀，为著名的观竿树种。不耐严寒，山区乡镇高海拔村庄不宜种植。竿可作灯柱或笔筒。

　　竿金黄色，兼以绿色条纹相间，故得名"黄金间碧竹"。

凤尾竹

【科属名】禾本科簕竹（lè zhú）属

【学　名】*Bambusa multiplex* f. *fernleaf*（R. A. Young）T. P. Yi

【别　名】观音竹

　　灌木状或小乔木状竹类，地下茎合轴型。竿下部挺直，小枝稍下弯。竿箨早落；箨鞘背面无毛，顶端倾斜呈不对称的拱形；箨耳不明显；箨舌边缘呈不规则的短齿裂；箨片狭三角形，易脱落。末级小枝有叶 13～23 片，形似羽状；叶鞘无毛；叶耳肾形，边缘具长繸毛；叶舌圆拱形；叶片线形，表面无毛，背面密被短柔毛。

　　本种为孝顺竹的变种，原产于我国。南安市部分乡镇可见栽培，多见于公园，常作低矮绿篱，可修剪成球体供观赏。

大佛肚竹

【科属名】禾本科簕竹（lè zhú）属

【学　名】*Bambusa vulgaris* 'Wamin' McClure

【别　名】大肚竹（《福建植物志》）

　　灌木状竹类，地下茎合轴型。竿高可达 4 米，节间极为短缩且肿胀，呈扁球状或瓶状。竿箨早落；箨鞘背面被刺毛；箨耳椭圆形，边缘具长繸毛；箨舌弓状，边缘具细齿或条裂；箨片三角形，腹面密被刺毛。每小枝具叶 6～7 片。叶鞘具疏粗毛；叶耳明显，边缘具繸毛；叶舌截形；叶片披针形或狭披针形。

　　南安市各乡镇可见栽培。竹竿奇特，竿丛密集，状如圆伞，优美典雅，种植于公园、庭院或寺庙等绿地，极具观赏性。

麻竹

【科属名】禾本科牡竹属

【学　名】*Dendrocalamus latiflorus* Munro

【别　名】大头麻（闽南方言）

　　乔木状竹类，地下茎合轴型。竿高可达 25 米，尾梢弯曲下垂，节间无毛，幼时被白粉。箨鞘背面被脱落性刺毛；箨耳小；箨舌高仅 1～3 毫米，边缘细齿裂；箨片卵状披针形，外翻。竿每节多分枝，每小枝有叶 7～10 片；叶鞘幼时具小刺毛；叶耳无；叶舌截平；叶片长椭圆状披针形，表面无毛，背面幼时在次脉上有细柔毛。笋期 7—10 月。

　　南安市大部分乡镇可见，多生于山地、林缘、路边、村旁或溪流两岸。笋味甜美，可制成笋干、鲜笋片或罐头；竿可供建筑使用或编织竹制品。竿大型，适合公园或农村杂闲地种植，观赏价值也很高。

绿竹

【科属名】禾本科箣竹属

【学　名】*Bambusa oldhamii* Munro

　　乔木状竹类，地下茎合轴型。竿高可达 10 米，节间幼时被白色蜡粉。箨鞘外表面被刺毛；箨耳小，边缘具繸毛；箨舌微小，近全缘；箨片直立，三角状披针形。竿每节多分枝（其中有 2～3 个分枝较粗），每小枝有叶 7～15 片。叶鞘幼时具小刺毛，后变无毛；叶耳微小，边缘具繸毛；叶舌截平形；叶片长圆状披针形，两面无毛。笋期 5—11 月。

　　南安市乐峰镇有成片栽培，俗称"马蹄笋"。笋味清甜，脆爽可口，鲜食或制作成笋干、罐头。竿可作家具、农具、纸原料或用于编织竹器。

棕榈科 Arecaceae

棕竹

【科属名】棕榈科棕竹属

【学　名】*Rhapis excelsa* (Thunb.) Henry ex Rehd.

【别　名】虎散竹(《植物学大辞典》)

　　常绿丛生灌木。茎直立圆柱形，有节，包有淡黑色的网状纤维叶鞘。叶掌状深裂，裂片常 5～10 片，近基部连合，顶端有不规则的齿缺，边缘及肋脉上具锯齿；叶柄细长。花单性，雌雄异株；花序基部有佛焰苞包着，密被弯卷绒毛；雄花在花蕾时为卵状长圆形，花萼杯状，花冠 3 裂；雌花短而粗。核果近球形，成熟时白色。花期 6—7 月，果期 11—12 月。

　　原产于我国。南安市部分乡镇可见栽培，多见于公园、住房小区或庭院。四季常绿，似竹非竹，美观清雅，是良好的室内外观叶植物。

蒲葵（pú kuí）

【科属名】棕榈科蒲葵属

【学　名】*Livistona chinensis* (Jacq.) R. Br.

　　常绿乔木。树干无残存的叶基，基部稍膨大。叶掌状深裂至中部，裂片线状披针形，小裂片 2 深裂下垂（边缘无丝状纤维）；叶柄长可达 2 米。花两性；肉穗花序，腋生，花小；花冠深裂成 3 裂片；雄蕊 6 枚。核果橄榄形，成熟时红黄色。花期 3—4 月，果几乎全年可见。

　　原产于我国西南部和东南部。南安市部分乡镇可见栽培，多见于公园、庭院、农村闲杂地或公路边。叶大如扇、树冠如伞，四季常绿，是重要的园林绿化树种之一，可作行道树和庭园树。嫩叶可编制葵扇；老叶可制蓑衣；叶柄的箨皮可编制葵席。

丝葵

【科属名】棕榈科丝葵属

【学　名】*Washingtonia filifera*（Lind. ex Andre）H. Wendl.

【别　名】华棕、老人葵、华盛顿椰子（《台湾木本植物志》）

　　常绿乔木。树干圆柱状，被覆许多下垂的枯叶，基部通常不膨大。叶团扇状，掌状分裂至中部，裂片 50～80 个，裂片之间及边缘具丝状纤维（存在于整个生命周期），顶端渐尖，浅 2 裂；叶柄下部边缘具小刺，顶端的戟突三角形，边缘干膜质。花两性；肉穗花序，花序大型（多个分枝花序），弓状下垂，长可达 3.6 米（大于叶的长度）；花瓣披针形，反曲；雄蕊 6 枚。果实卵球形，成熟时黑褐色。花期 7 月，果期 10—11 月。

　　原产于美国和墨西哥。南安市部分乡镇可见栽培，多见于公园、校园、公路绿化带。

棕榈（zōng lú）

【科属名】棕榈科棕榈属

【学　名】*Trachycarpus fortunei*（Hook.）H. Wendl.

【别　名】栟榈（bīng lú）（《本草纲目》）、棕树

　　常绿乔木状。树干被不易脱落的老叶柄基部和密集的网状纤维。叶圆扇状，掌状深裂至 3/4，裂片线状剑形，革质，硬挺直立或顶端下垂，裂片先端具短 2 裂；叶柄两侧具细圆齿。花雌雄同株或异株，雌花和雄花相似；肉穗花序圆锥状腋生，粗壮，花小，黄色。核果肾形，成熟时蓝黑色，被白粉。花期 4 月，果期 11—12 月。

　　原产于我国。南安市部分乡镇可见栽培，多见于村庄闲杂地或公园。民间常剥取其棕皮纤维（叶鞘纤维），制作绳索、蓑衣、地毡等；叶可制扇和草帽；未开放的花苞又称"棕鱼"，可食用。

鱼尾葵

【科属名】棕榈科鱼尾葵属

【学　名】*Caryota maxima* Blume ex Martius

【别　名】假桃榔(《拉汉种子植物名称》)

常绿乔木状。茎被毡状绒毛，具环状叶痕。叶互生，羽状全裂，羽片革质，菱形似鱼尾，顶端具不规则缺刻，外缘延长成尾尖。花两性，雌雄同株；肉穗花序长而下垂；花3朵聚生，雄花在两侧，雌花在中间；雄花花瓣3片，淡黄色，雄蕊多数，黄色。核果球形，成熟时紫红色。花果期4—12月。

南安市部分乡镇可见栽培，多见于公园或庭院。叶色翠绿，姿态优雅，是良好的园林绿化观赏植物。

美丽针葵

【科属名】棕榈科海枣属

【学　名】*Phoenix roebelenii* O'Brien

【别　名】江边刺葵、软叶刺葵(《中国高等植物图鉴》)

常绿灌木。茎直立，具宿存的三角状叶柄基部。叶为一回羽状全裂，裂片线形，较柔软，背面沿叶脉被鳞秕，下部羽片退化成细长的软刺。花单性，雌雄异株；肉穗花序；雄花花瓣3片，雄蕊6枚。果实长圆形，成熟时枣红色。花期4—5月，果期6—9月。

原产于我国（云南）、缅甸、越南等地。南安市部分乡镇可见栽培，多见于公园、公路绿化带、庭院，为常用的园林观赏植物。

林刺葵

【科属名】棕榈科海枣属

【学　名】*Phoenix sylvestris* Roxb.

【别　名】银海枣

　　常绿乔木。茎具宿存的叶柄基部。叶聚生于茎的顶端，一回羽状全裂，羽片剑形，排成2～4列，下部羽片针刺状；叶柄短，叶鞘具纤维。花单性，雌雄异株；肉穗花序，花小；雄花狭长圆形或卵形，白色；雌花近球形，橙黄色。果实长圆状椭圆形或卵球形，成熟时橙黄色。花期4—5月，果期9—10月。

　　原产于印度、缅甸。南安市部分乡镇可见栽培，多见于住房小区、公园或公路绿化带。

三药槟榔

【科属名】棕榈科槟榔属

【学　名】*Areca triandra* Roxb. ex Buch.
　　　　　-Ham.

　　常绿灌木。茎丛生，具明显的环状叶痕。叶羽状全裂，约17对羽片，具2～6条肋脉，下部和中部的羽片披针形，镰刀状渐尖，上部及顶端的羽片较短而稍钝，具齿裂。花单性，雌雄同序；肉穗花序初时包藏于佛焰苞内，佛焰苞革质，压扁，光滑；雄花小，雄蕊3枚。核果卵状纺锤形，成熟时深红色。花期3—4月，果期8—9月。

　　原产于印度、马来西亚等亚洲热带地区。南安市少数乡镇可见栽培，多见于公园或住房小区。

大王椰

【科属名】棕榈科大王椰属

【学　名】*Roystonea regia*（Kunth）O. F. Cook

【别　名】王棕

　　常绿乔木。茎幼时基部膨大，老时近中部膨大。叶聚生于茎的顶端，弓形下垂，羽状全裂，裂片线状披针形，呈不规则的4列排列。花单性，雌雄同株；肉穗花序多分枝，花小；雄花长6～7毫米，雄蕊6枚；雌花长约为雄花的一半。核果近球形，成熟时暗红色至淡紫色。花期3—4月，果期10月。

　　原产于古巴。南安市部分乡镇可见栽培，多见于公园、住房小区、厂区、学校、庭院。树干通直，树形优美，为常用的园林观赏植物。

假槟榔

【科属名】棕榈科假槟榔属

【学　名】*Archontophoenix alexandrae*（F. Muell.）H. Wendl. et Drude

　　常绿乔木状，高可达25米。茎有明显的环状叶痕，基部略膨大。叶生于茎顶，羽状全裂，线状披针形；叶鞘膨大而抱茎。花单性，雌雄同株；肉穗花序生于叶鞘下方，多分枝；雄蕊常9～10枚。核果卵球形，成熟时黄红色。花期4—5月，果期11—12月。

　　原产于澳大利亚。南安市部分乡镇可见栽培，多见于公园、住房小区、学校或庭院。

散尾葵

【科属名】棕榈科金果椰属

【学　名】*Dypsis lutescens*（H. Wendl.）
　　　　　Beentje et J. Dransf.

【别　名】黄椰子（《植物学大辞典》）

　　常绿丛生灌木。茎具环状叶痕。叶羽状全裂，羽片40～60对，黄绿色，表面有蜡质白粉，披针形；叶柄及叶轴光滑，黄绿色，上面具沟槽，背面凸圆；叶鞘略膨大，初时被蜡质白粉。花单性，雌雄同株或异株；花序生于叶鞘之下，呈圆锥花序式，花小，金黄色；雄花萼片和花瓣各3片，雄蕊6枚；雌花萼片和花瓣与雄花的略同，子房1室。核果倒卵形，成熟时橙红色。花期5—6月，果期8—9月。

　　原产于马达加斯加。南安市部分乡镇可见栽培，多见于公园、学校、厂区或住房小区，是很好的庭园绿化树种。

霸王棕

【科属名】棕榈科霸王棕属

【学　名】*Bismarckia nobilis* Hildebr. &
　　　　　H.Wendl.

　　常绿乔木状。茎基部膨大，叶基宿存。叶片扇形，坚硬直立，掌状分裂至1/3，裂片间具丝状纤维。叶片被白色蜡及红棕色鳞秕，顶端2浅裂；叶柄粗壮，密被红棕色鳞秕（逐渐脱落）。花单性，雌雄异株；花序圆锥状生于叶间，雌花序短粗，雄花序较长，有分枝。果球形。

　　原产于非洲马达加斯加。南安市部分乡镇可见栽培，多见于住房小区或公园。

狐尾椰子

【科属名】棕榈科狐尾椰属

【学　名】*Wodyetia bifurcata* A.K.Irvine

【别　名】狐尾棕

　　常绿乔木。茎通直，具环状叶痕。叶为羽状复叶，复羽片分裂为11～17个小羽片，羽片披针形（有的再深裂），螺旋状生于中轴上，形似狐狸尾巴；叶柄粗短；叶鞘管状。花单性，雌雄同株；复圆锥花序，分枝多，花淡黄色；花3朵一组，中央为雌花，两侧为雄花；雄蕊多数。核果卵圆形，成熟时橙红色。花期9—10月，果期翌年8—9月。

　　原产于澳大利亚。南安市部分乡镇可见栽培，多见于公园、厂区或房前屋后。树形高大，挺直优美，适应性强，常用于公园造景，是观赏价值高的珍贵园林树种。

三角椰子

【科属名】棕榈科金果椰属

【学　名】*Dypsis decaryi* (Jum.) Beentje & J. Dransf.

【别　名】三角槟榔

　　常绿乔木。叶羽状全裂，形成"V"字形横截面，靠近树干的小叶顶端会抽出细丝，下垂；裂片线状披针形，顶端弯垂；叶轴和叶柄具鳞秕及粗毛；叶柄基部鞘状，互相抱合成三角形。花单性，雌雄同株；圆锥花序，花小。核果卵形，成熟时黄绿色。花期6月。

　　原产于马达加斯加。南安市部分乡镇可见栽培，多见于公园或住房小区，为优良的园林观赏树种。

毛鳞省藤

【科属名】棕榈科省藤属

【学　名】*Calamus thysanolepis* Hance

　　丛生灌木或直立的藤状。叶羽状全裂，无纤鞭，裂片多数，常2~6片紧靠成束，革质或厚革质，线形，边缘及上面的中脉被刺毛；叶轴和叶柄具直刺。花单性，雌雄异株；肉穗花序；雄花序常为三回分枝；雌花序为二回分枝。核果阔卵形，成熟时金黄色。花期6月，果期12月。

　　南安市眉山乡等少数乡镇可见，生于海拔600米以下的疏林地中。

天门冬科 Asparagaceae

非洲天门冬

【科属名】天门冬科天门冬属

【学　名】*Asparagus densiflorus*（Kunth）Jessop

【别　名】万年青

　　半灌木，多少攀援或匍匐。茎和分枝有纵棱。叶状枝3（1~5）枚成簇，扁平，条形，先端具锐尖头；茎上的鳞片状叶基部具长硬刺，分枝上的无刺。花两性；总状花序单生或成对，有花十多朵，花白色；花被6片；雄蕊6枚。浆果球形，成熟时红色。花果期7—10月。

　　原产于非洲南部。南安市部分乡镇可见栽培，多见于公园、厂区或住房小区。叶色青翠，是艺术插花的优良配叶。

朱蕉

【科属名】天门冬科朱蕉属

【学　名】*Cordyline fruticosa*（L.）A.
　　　　　Chevalier

【别　名】红铁树

　　常绿灌木。茎常不分枝。叶聚生于茎枝的上端，矩圆形至矩圆状披针形（不同品种的叶形变化很大），绿色、紫红色或紫色，叶柄有槽，基部抱茎。圆锥花序，顶生；花被裂片6片，外面紫红色，内面白色；雄蕊6枚。花期2—3月。

　　南安市部分乡镇可见栽培。株形美观，色彩华丽高雅，可作盆栽摆放于室内、阳台、庭院、公共场所等供观赏。耐半阴，可作公园林下或公路绿化带的地被植物。

象腿丝兰

【科属名】天门冬科丝兰属

【学　名】*Yucca gigantea* Lem.

【别　名】荷兰铁

　　常绿木本植物。茎干粗壮、直立，有明显的叶痕，茎基部膨大（形似象腿）。叶簇生于茎的顶端，革质，披针形，边缘全缘，先端急尖；无叶柄。圆锥花序，花下垂，白色；花被裂片6片；雄蕊6枚。花期8—9月。

　　原产于墨西哥、危地马拉的温暖地区。南安市部分乡镇可见栽培，多见于住房小区或公园。叶坚挺碧绿，极富阳刚之气，是优良的观叶植物。生长适应性强，喜阳也耐阴，亦常作盆栽放置室内、阳台供观赏。

菝葜科 Smilacaceae

暗色菝葜（àn sè bá qiā）

【科属名】菝葜科菝葜属

【学　名】*Smilax lanceifolia* Roxb.

　　攀援木质藤本。茎无刺，稀具刺。叶互生，革质，卵状矩圆形或卵状披针形，掌状脉 5 条；叶柄具狭翅，脱落点位于近中部，一般有卷须。花单性，雌雄异株；伞形花序，腋生，花黄绿色；总花梗近基部有 1 个关节，花序基部有 1 个与叶柄相对的革质鳞片，花序托稍膨大；雄花内外花被各 3 片，雄蕊 6 枚；雌花比雄花小一半，退化雄蕊 6 枚。浆果球形，成熟时橙红色。花期 3—4 月，果期 11 月。

　　南安市翔云镇等少数乡镇可见，多生于疏林地、山地路旁的灌丛中。根状茎入药，有解毒、除湿、强关节的功效。

菝葜（bá qiā）

【科属名】菝葜科菝葜属

【学　名】*Smilax china* L.

　　攀援木质灌木。茎与枝条疏生刺。叶互生，革质，圆形或阔卵形，顶端急尖，掌状脉 5～7 条；叶柄约近一半有狭翅，脱落点位于中部以上，常具卷须。花单性，雌雄异株；伞形花序，腋生，花黄绿色；总花梗长 1～2 厘米，花序托稍膨大；雄花内外花被各 3 片，雄蕊 6 枚；雌花与雄花相近，退化雄蕊 6 枚。浆果球形，成熟时红色，有粉霜。花期 2—6 月，果期 8—10 月。

　　南安市各乡镇极常见，多生于疏林地、林缘、山地路旁、溪谷的灌丛中。根状茎可以提取淀粉和栲胶，也可用来酿酒。

粉背菝葜（fěn bèi bá qiā）

【科属名】菝葜科菝葜属
【学　名】*Smilax hypoglauca* Benth.

常绿攀援灌木。茎无刺。叶互生，革质，椭圆形至卵状披针形，上面绿色，下面灰白色；叶柄顶端一般有卷须，叶脱落点位于叶柄近顶端，叶鞘占叶柄全长的一半（叶鞘向前延伸为1对离生的披针形耳）。花单性，雌雄异株；伞形花序，腋生，有花10多朵，花绿黄色。浆果球形，外被粉霜。花期6—8月，果期10—11月。

南安市眉山乡等少数乡镇可见，多生于疏林地、沟谷、山地路旁的灌丛中。根茎入药，有消炎解毒、祛风湿的功效。

土茯苓

【科属名】菝葜科菝葜属
【学　名】*Smilax glabra* Roxb.

攀援灌木。枝条光滑，无刺。叶互生，薄革质，椭圆状披针形至狭卵状披针形；叶柄具2条卷须，脱落点位于近顶端，叶鞘占叶柄全长的1/4至3/5（叶鞘不向前延伸）。花两性，雌雄异株；伞形花序腋生；总花梗短于叶柄；花序托膨大。浆果近球形，成熟时紫黑色，具粉霜。花期7—10月，果期冬季。

南安市部分乡镇可见，多生于林下、林缘、溪岸边的灌丛中。根状茎入药，中药名为"土茯苓"，有除湿热解毒、健脾胃的功效；富含淀粉，可用来酿酒或制作糕点。

尖叶菝葜（jiān yè bá qiā）

【科属名】菝葜科菝葜属

【学　名】*Smilax arisanensis* Hay.

　　攀援灌木。茎无刺或具疏刺。叶互生，纸质，长圆形或卵状披针形，顶端渐尖或长渐尖，基部圆形；叶柄常扭曲，窄鞘长为叶柄的1/2，常有卷须，脱落点位于近顶端。花单性，雌雄异株；伞形花序腋生或生于苞片叶内，花序托几乎不膨大；总花梗纤细，长是叶柄的3～5倍；雄花花被6片，雄蕊6枚；雌花与雄花相似，退化雄蕊3枚。浆果球形，成熟时紫黑色。花期4—5月，果期10—11月。

　　南安市翔云镇等少数乡镇可见，多生于海拔800米以上的疏林地中。

薯蓣科 Dioscoreaceae

薯莨（shǔ liáng）

【科属名】薯蓣科薯蓣属

【学　名】*Dioscorea cirrhosa* Lour.

【别　名】红孩儿

　　粗壮木质藤本。茎右旋，有分枝，下部有刺。叶为单叶，在茎下部的互生，中部以上的对生；叶革质或近革质，长椭圆状卵形至卵圆形，或为卵状披针形至狭披针形，基出脉3～5条，表面深绿色，背面粉绿色，两面无毛，边缘全缘。花单性，雌雄异株；雄花序为穗状花序，通常排列呈圆锥花序，雄蕊6枚；雌花序为穗状花序，单生于叶腋。蒴果。花期4—6月。

　　南安市英都镇等少数乡镇可见，生于杂木林中，攀援于其他树上。块茎入药，有活血、补血、收敛固涩的功效。

鹤望兰科 Strelitziaceae

大鹤望兰

【科属名】鹤望兰科鹤望兰属
【学　名】*Strelitzia nicolai* Regel & Körn
【别　名】大天堂鸟、白花天堂鸟

　　茎干高可达 8 米，木质。叶片长圆形，长 90～120 厘米，宽 45～60 厘米，基部圆形，不等侧；叶柄长可达 180 厘米。花两性；花序腋生，总花梗较叶柄短，花序上通常有 2 个大型佛焰苞，舟状，顶端渐尖，内有花 4～9 朵；萼片披针形，白色，下方的 1 枚背面具龙骨状脊突，箭头状花瓣天蓝色；雄蕊 5 枚。花期 3—4 月。
　　原产于非洲南部。南安市部分乡镇可见栽培，多见于公路绿化带、住房小区或者公园。树木高大挺拔，花朵奇特硕大，是良好的园林观赏树种。

旅人蕉

【科属名】鹤望兰科旅人蕉属
【学　名】*Ravenala madagascariensis* Adans.

　　乔木状。茎不分枝。叶 2 行排列于茎顶，像一把大折扇；叶片长圆形，似蕉叶，长可达 2 米，宽可达 70 厘米，向顶部渐狭而呈浑圆。花两性；聚伞花序腋生，花序轴每边有佛焰苞 5～6 枚，内有花 5～12 朵；花萼裂片与花瓣均为披针形；雄蕊 6 枚。蒴果。
　　原产于非洲马达加斯加。南安市部分乡镇可见栽培，多见于住房小区、公园或庭院。树形飘逸别致，富有热带风情，是良好的观赏植物。

索 引

参考文献

[1] 中国植物志编辑委员会 . 中国植物志（网络版）[M]. 北京：科学出版社，2019.

[2] 中国高等植物彩色图鉴编委会 . 中国高等植物彩色图鉴 [M]. 北京：科学出版社，2016.

[3] 福建植物志编写组 . 福建植物志 [M]. 福州：福建科学技术出版社，1982—1995.

[4] 何国生 . 福建树木彩色图鉴 [M]. 厦门：厦门大学出版社，2013.

[5] 游水生，兰思仁，陈世品，等 . 福建木本植物检索表 [M]. 北京：中国林业出版社，2013.

[6] 何理，陈世品 . 树木野外实习图鉴 [M]. 北京：科学出版社，2018.

[7] 陈存及，陈伙法 . 阔叶树种栽培 [M]. 北京：中国林业出版社，2000.

[8] 陈有民 . 园林树木学 [M]. 北京：中国林业出版社，2011.

[9] 泉州市林业局 . 泉州植物彩色图鉴 [M]. 福州：福建科学技术出版社，2022.